国际知名企业标志性建筑设计译丛

U0315409

全球顶级时尚名店设计

〔西〕 亚历杭德罗·巴阿蒙　著
安娜·卡尼萨雷斯

王建武　译

中国建筑工业出版社

目录

导言

亚历杭德罗·巴阿蒙（Alejandro bahamón）

营建品牌

品牌的意义远远超越其所代表的产品或服务本身——它专门为目标消费者定制，完全脱胎自想象的世界，甚至常常与在售产品之间的关系微不足道。这种现象在时尚行业中尤为显著，品牌代表了一整套理想主义观念和主观说辞，意欲打造无形价值观，帮助产品在这个拥挤不堪的商业领域中独占鳌头。考虑到时尚业界的惨烈竞争，顶级时装店不得不谋划更为精益求精的策略，以期在芸芸对手中出类拔萃，令同业者相形见绌。稳固的公司身份特征和国际公认的品牌形象被证明与产品自身同等重要（甚至有过之而无不

及）。这对那些有志于追寻独特公司哲学，并以此营建自身品牌风格的公司产生深远的影响。在很多情况下，企业通过实质性的投资，建造反映品牌文化内涵的场所，从而将建筑转化为市场营销策略的工具。一直以来，这类建筑现象在时尚业中仅仅囿于室内设计领域，而现在却逐步孕育出全新的公司建筑类型，成为世界明星建筑师追逐的宠儿，新技术衍生出的设计理念离奇醒目，凿凿可辨。这类建筑采用的形式语言很大程度上建立在创新基础上，包括微孔金属板，"万花筒"立面效果，亚克力围护结构，光纤维材料，LED装置。这片富足多产的建筑试验田不仅塑造出相关时尚品牌

的不二风格，而且激发原创性的设计流程和建造技术，成为新千年伊始建筑设计的范式。

技艺与创新

高级时装店已经诚邀很多名扬世界的建筑师通过建筑作品传达它们的品牌形象，但这不能仅归因于提升企业知名度的考虑。尽管明星建筑师体制中的佼佼者在很多国家已经成为媒体、跨国公司、政府和其他机构追逐的对象，但时尚服装与建筑两学科契合程度的加深有着更为深层的缘由。它们都注重对手头原始材料的精准研究和高水准的创造性革新，而重中之重则是罗织在设计作品中的精湛技艺。这些因素将两个学科一道带进艺术的殿堂，并且意味着名流时装设计与建筑作品均为无与伦比，独尊无二的艺术珍宝。建筑赋予时装品牌额外的荣望，它增益潜在客户的好奇心，令人们有机会探访出自名家之手的商店建筑，亲身体验，而非仅仅满足于获取产品本身。

东京，时尚之都

专为时尚产业而设计的建筑愈来愈引人入胜，在世界各大首府城市都可见到它们的踪影，整个地区的城市景观很大程度上依赖于这类建筑的营造。较之世界其他城市，这种趋势在东京尤为真切。在巴黎 (Paris)，纽约 (New York)，伦敦 (London) 和米兰 (Milan)，尽管时装精品店的出现勾画出整个邻里地区的特征，但它们通常蜗居在具有象征意义的历史建筑中。而在东京，许多条件机缘巧合，令这座城市成为当代时尚业专属建筑的集大成之地。享誉世界的建筑作品如雨后春笋般诞生——每个品牌竟可坐拥两座甚或三座，它们分布在城市最繁华的地区——演绎出东京作为消费主义，时尚业和尖端科技核心城市的不争地位。日本的首都能够容载为数众多的此类建筑，其原因不一而足。一方面，1929 年地震和第二次世界大战的轰炸将城市夷为平地，重建的努力便由此发端，对于一个拥有 3000 万人口的大都会来说，这无疑是缓慢而艰辛的过程。另一方面，骨子里带有封建色彩的土地所有权立法问题使得土地在易手后通常经历拆旧盖新的过程。文化问题同样不容忽视，当今日本社会处处弥漫着来自异域的影响，更新与变化成为保持文化传统价值观的一部分。然而无可否认，当代建筑中专为时尚业服务的执牛耳之作能够植根在表参道 (Omotesando)、六本木山 (Roppongi Hills)、银座 (Ginza)（东京最受喜爱的时尚业集聚地区）的城市肌理中，市场驱动力是第一因素。对大多数名流时尚企业而言，日本消费市场占据了销售份额的 60%，是目前企业拓展的最强幕后推动力量。

时尚与城市景观

　　本书收录的项目主要围绕约十年前诞生的新一代建筑，它们独具一格，定义出新的企业建筑流派，需要特别关注。这里罗列的 12 种时尚品牌并非是将建筑作为市场营销工具的孤例，但他们包含像路易·威登（Louis Vuitton），普拉达（Prada），爱马仕（Hermès）这些堪称后世之师的始作俑者，也包括最近加入竞争行列的，像香奈儿（Chanel），克里斯汀·迪奥（Christian Dior），优衣库（Uniqlo）这些推崇前卫大胆设计方案与技术资源海量投入的品牌。本书的组织结构是将每个建筑案例划归在相应时尚品牌名下，让读者了解每个企业的哲学理念和在建筑领域的发展成就。每个建筑的体量特性和形式语言均有所分析，这是在媒体中获得高出镜率的决定性因素，除此以外，我们同样注重能够展示新技术应用的建造细节。因此，终极目标是让人们理解这些建筑是如何通过果敢的探索，为定义现代城市景观作出贡献的。

　　这家由蒂埃利·爱马仕（Thierry Hermès）在 1837 年创办的公司最初致力于马术用品的生产，通过出品马鞍、笼头、筒靴等系列产品赢得信誉。随后，爱马仕公司在领带的设计与生产领域同样大展身手——时至今日，这一声誉仍然经久不衰。公司继而转战奢侈女式提包、服装、一次性套装和配饰领域，其产品技艺精湛，张弛有度，质量上乘，因而总显得卓尔不群。今天的艺术总监——皮埃尔·亚历克西斯·杜迈（Pierre Alexis Dumas）——为公司注入了现代格调，却从未丢失远可上溯 7 代之久的家族传统韵味。爱马仕委托伦佐·皮亚诺设计东京的新精品店，这源自双方都对一丝不苟、精益求精的从业作风欣赏有加。于是，这位现代建筑师中的"工匠"用玻璃砖垒砌出一座超凡脱俗的作品，也将玻璃材料的应用在技术上推展到无以复加的地步。

爱马仕
（HERMÈS）

东京｜2001年｜伦佐·皮亚诺建筑事务所（Renzo Piano Building Workshop）

爱马仕
（HERMÈS）

东京，日本

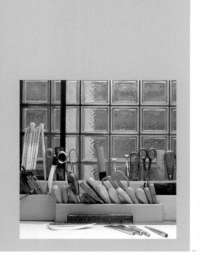

建筑｜伦佐·皮亚诺建筑事务所
建成时间｜2001
建筑面积｜6000m²

摄影｜© 米歇尔·德内斯

这座引人瞩目的玻璃建筑地处时尚休闲区银座中一块窄狭的场地，在东京的喧嚣与混沌中堪称名副其实的避风港。作品出自伦佐·皮亚诺之手，从美学和技术双方面来讲都意味着一种挑战，人们总是把它和 20 世纪的建筑杰作——皮埃尔·夏洛（Pierre Chareau）的"玻璃之家"——相提并论。意大利建筑师（指皮亚诺——译者注）最初取材于爱马仕围巾的象征性尺度，草拟了 42.8cm×42.8cm 大小的玻璃单元体（玻璃砖），并且委托意大利 Vetroarredo 公司研发。历经两年与皮亚诺持续不断的商讨和探索，这家玻璃制造企业最终实现了玻璃砖的精确化、规模化生产。玻璃砖必须满足特殊视觉标准：不仅尺寸毫厘无差，而且内外表面迥然不同，外表面平展光滑，内表面弯折弧曲。这使得光线反射内偏，

利于自然光射入建筑。Vetroarredo 公司的玻璃砖还须满足日本苛刻的防火规范要求，对地震拥有足够的抵抗适应力，并且在零下 10℃ 气候条件下保证砖体内腔不产生结露。此外，玻璃砖必须易于垒砌在事先安装好的金属嵌板上——这通过在外边沿增加扣卡来实现。建筑的结构形式从传统日本庙宇获得灵感，使用柔韧的金属材料，在重要的结构支撑点运用铰接模式，并设置特殊的阻尼减震器。地震来袭时，建筑按照整个结构体系中均匀分布的预留位移量产生震动。每个构件都吸收指定量的动能，不仅能够保证结构完好无损，而且气密与抗渗性能不减以往。每块玻璃砖向任一侧允许最大 4mm 的位移。皮亚诺赋予建筑双重面貌——内部与外部——强化日夜更迭交错的感受。他游弋在光线与透明效果的博弈中，

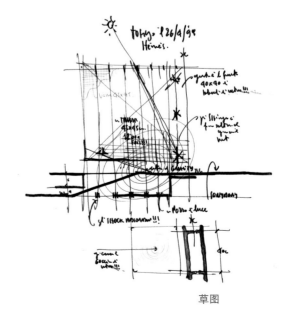

草图

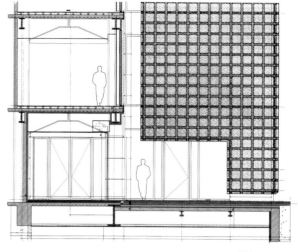

横剖面图

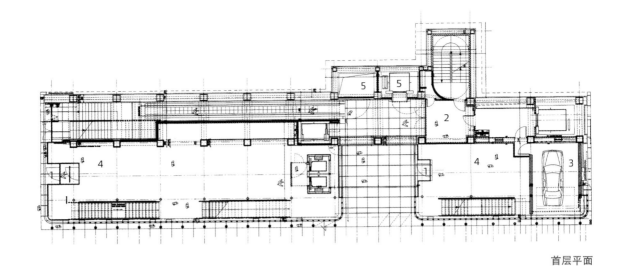

1. 商铺入口
2. 建筑入口
3. 汽车库
4. 商铺
5. 机房

首层平面

令路人对隐约可见的内部空间满心神往。本质上，建筑的立面负载两种意图：在城市与室内之间充当光线的屏幕，并且令建筑浸淫在传统与现代技术的双重气韵中。

爱马仕大厦总面积 6000m²，包括购物空间、工艺作坊、办公、多媒体与展示区域，这些功能分别布置在 15 个自然层中，每层 45m×11m 大小，屋顶另设花园。商铺（购物空间）占据了 5 层空间，其中第五层为博物馆，集中展示各个时期的经典代表作品，折射品牌的传统形象。建筑中部有一座小型广场，依靠精心策划的扶梯连接街道和地下二层的地铁空间。

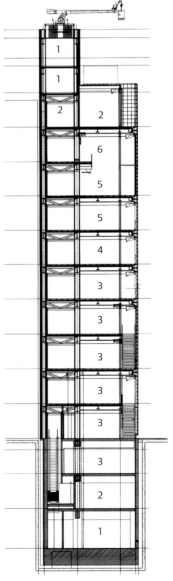

1. 机房
2. 储藏空间
3. 商铺
4. 工坊
5. 办公
6. 展示

横剖面图

　　这家公司由马里奥·普拉达（Mario Prada）在 1913 年创办，最初主营皮革制品。1978 年，创办者的孙女缪西娅·普拉达（Miuccia Prada）接管公司，令品牌跻身高级女装业佼佼者之列（并在 1989 年成为世界顶级成衣供货商）。自彼时以降，这家意大利公司业已化身为奢侈与精微的代名词，打造出最具国际声誉的时尚品牌，精品店遍布四海。华贵与卓越的结合是普拉达哲学与生俱来的信念，这种气质不仅在其产品中显而易见，而且也融入品牌专卖店的设计中，成为近年来此类建筑作品的模范。在时尚品领域中，普拉达独领风骚，探索企业建筑的革命性变革，独创"震点"（Epicenter）的概念，借此回应并区别于传统小型专卖店的模式。普拉达精品店既探究城市蕴涵的独特禀赋，也注重表达公司的开创性理念。

普拉达
（PRADA）

纽约 | 2001年 | 大都会建筑事务所（OMA）■

东京 | 2003年 | 赫尔佐格与德·梅隆（Herzog & de Meuron）■

洛杉矶 | 2004年 | 大都会建筑事务所（OMA）■

普拉达
(PRADA)

纽约，纽约州，美国

建筑 | 大都会建筑事务所
建成时间 | 2001
总建筑面积 | 2190m²

摄影 | © 大都会建筑事务所

普拉达 / 纽约
大都会建筑事务所

普拉达的〝震点〞（Epicenter）系列精品店帝国在纽约初出茅庐，脱胎自雷姆·库哈斯之手。尽管荷兰巨匠首次介入商店设计项目，但他早已沉迷于当代城市环境中购物行为的种种意义与价值，因此普拉达实验被认为是将理念付诸实践的不二机遇。新店坐落在闻名全球的购物区中，旨在展示激动人心的设计和最前沿的科技进步，以此丰富人们的购物体验。纽约店地处时尚 SoHo 社区的一幢 19 世纪老建筑中，外立面使用砖和铸铁材料。

尽管可供利用的空间限制在建筑的一层和地下部分，但由于普拉达在纵深方向占据完整的街区，因此建筑面积达到 2000m²。商店被彩虹色聚碳酸酯透光板的波形墙围合，表现公司新形象（创造性与透明性）。内部空间的显著特色源自波状起伏的地面，它连接街道层与地下空间，塑造气势恢宏的空间体量并引导顾客造访楼下的展示区域。思想较为保守的顾客们可以在舒适的薄荷绿色椅子上休憩，而大胆前卫者则去享受独一无二的高科技购物体验，围合更衣室的 Privalite 玻璃能够通过控制按钮在透明与不透明之间转换，〝魔镜〞则记录下顾客遴选的商品，而计算机终端提供产品的详尽信息。这个建筑项目力图通过重新定义购物环境的属性来扩充品牌意识。

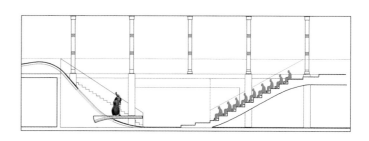

〝波〞纵剖面

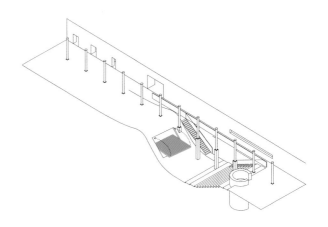

空间组织图示（舞台）

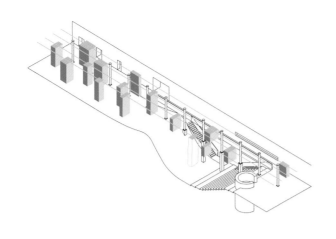

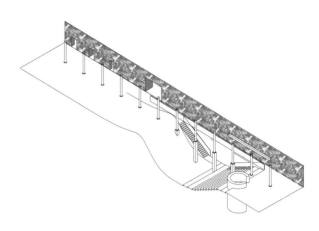

空间组织图示（金属笼）　　　　　　　　　空间组织图示（景观屏）

　　专卖店的矩形轮廓与贯通整个街区进深的、颇具感染力的开放空间相得益彰。可移动的商品展示模块（金属笼）包含 17 个街道标高层的单元体和 6 个设置在地下层的落地单元体。两个自然层之间依靠蜿蜒起伏的"波"面融为一体，而据统计，在商业建筑中，邻街层的销售比其他楼层好 5 倍。这种有意为之的策略目标是最大程度上萃取这座与众不同的工业建筑的商业价值。库哈斯保留了铸铁柱、通向街道的双开门等 19 世纪建筑立面的原始特征。地下层的北部布置过季商品存贮空间，可移动的隔墙与集成货架系统使得人们可根据需求调整空间规模与形态。

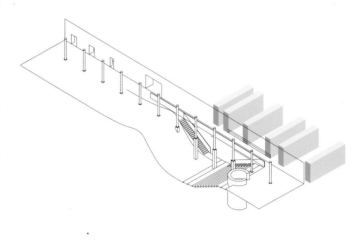

空间组织图示（附属空间）

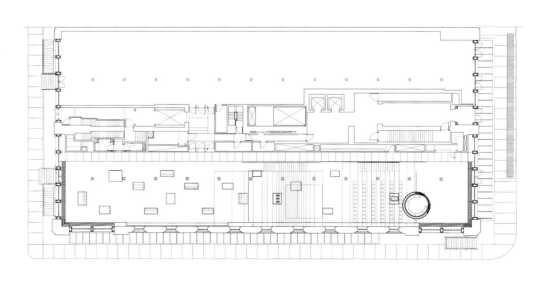

首层平面图

悬挂金属笼的设计灵感源自汽车制造车间。当它们全部投入使用时，所有地面空间被解放用于文化活动——再次见证了普拉达创造灵活购物空间的欲求。

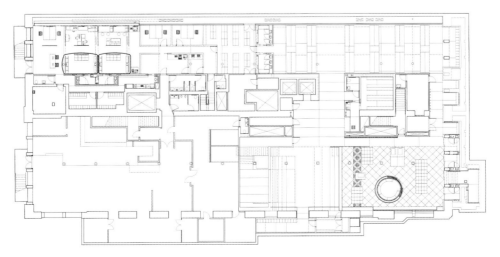

地下层平面图

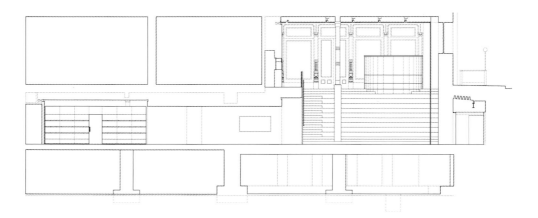

横剖面

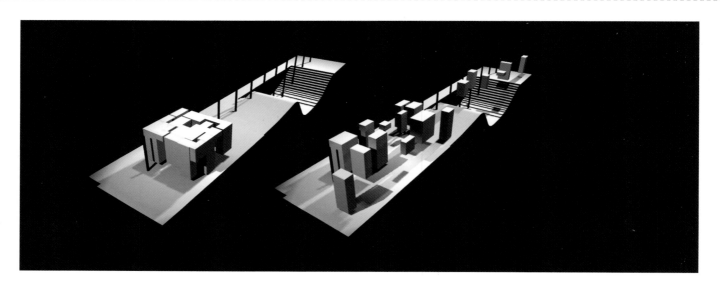

3D 模型

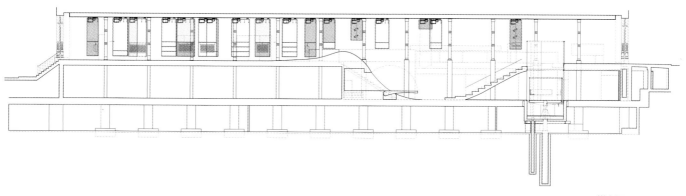

纵剖面

　　木质波状地面既是展示装置，也是看台坐席，同时兼做限定空间的建筑元素。在营业时间内，其中部分空间被用作陈列鞋和饰品，而它同样可以开辟为产品介绍与演出区域。连接地下层的圆柱形玻璃景观电梯内安装了小型陈列橱，供顾客在乘梯过程中鉴赏。一组自顶棚垂钓而下的铝质网状金属笼模拟"悬挂城市"景观，展示普拉达最新潮的时尚服装，并装备配套视听设备。这些金属笼可沿着固定在顶棚上的导轨在店内任意移动，赋予室内空间强烈的垂直感和极佳的空间灵活性。

普拉达 (PRADA)

东京，日本

建筑 | **赫尔佐格与德·梅隆**
建成时间 | 2003
总建筑面积 | 2900m²

摄影 | © 仲佐武摄影工作室

普拉达／东京
赫尔佐格与德·梅隆

普拉达的东京"震点"专卖店坐落于青山区，是这家跨国公司第二次投资激进的尝试——在纽约的地标建筑之后——试图缔造时尚建筑的全新理念。项目旨在重新定义购物的概念，令其满足愉悦和信息交流的需求，建立消费与文化之间的纽带。尽管这里是东京的流行时尚核心区域，但周边的邻里却以质朴、传统、低矮的建筑著称，最初主要修建住宅，但伴随时间流逝逐渐演变为办公和商铺。普拉达东京店是一座 6 层的非常规玻璃建筑，拥有 5 个立面，虽然棱角分明，却散发出温文尔雅的动态感。建筑的形式语言基于钻石形（棱形）单元模块产生的象征性图案效果，这些模块——无论平整、凹陷或外凸——构成了建筑表皮。设计师将玻璃模块当作交互式的光学装置，曲面玻璃与运动的顾客之间形成丰富多端的相对位置关系，视觉效果千变万化。变幻莫测的体验令来宾们既关注店内商品，也深刻意识到周围城市的存在，继而在项目的主要元素之间建立起卓有成效的对话关系。此外，单元模块构造了格栅形态，层层叠叠的橱窗为建筑体量塑造出宜人尺度。玻璃表皮与其被解读为传统的幕墙体系，倒不如被当作构建室内外联系的透明外壳，它与结构竖向核心筒连接，也为支撑楼板的框架提供支持，因此同时担当不可或缺的结构作用。水平构件增加结构刚度，同时为那些开敞且洒满阳光的楼层营造出一些相对私密的空间，例如更衣室和收银台。所有展示装置与家具都显得别具匠心，像合成树脂、硅树脂、玻璃纤维这类高度人造的材料与皮革、火山岩、多孔木材这类绝对自然的材料各显神通，对照鲜明。材

料的并置使人们有可能将室内装修归为拥有内在保质期的固定风格的一部分，成为反射当代文化的景观代言者，在这里，传统元素与先锋元素并行不悖，共同提升集体想象力。

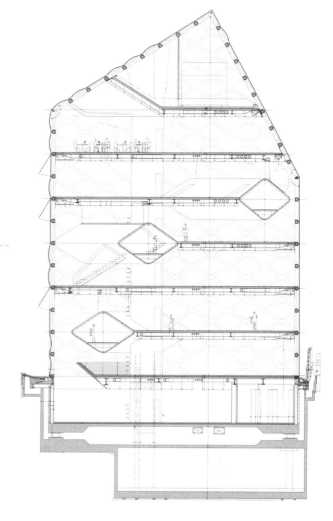

横剖面

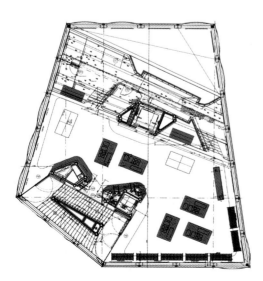

二层平面图

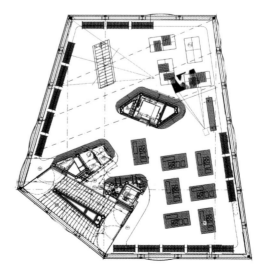

三层平面图

天花板由一层微型穿孔钢板构成，将设备管线和电力设施遮挡起来。其连续的平面使得光源和电脑屏幕在布置上可以更加灵活。

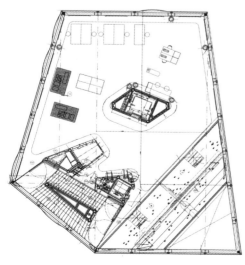

五层平面图

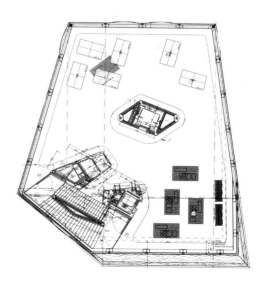

六层平面图

结构单元在外立面中呈现为小巧的蜂窝状片段，但在室内却显示出不同的比例，顾客几乎化身为微缩模型。

洛杉矶，加利福尼亚州，美国

建筑 | 大都会建筑事务所
建成时间 | 2004
总建筑面积 | 1900m²

摄影 | © 弗洛托和华纳

普拉达 / 洛杉矶
大都会建筑事务所

普拉达在美国的项目以广泛的购物行为研究做基础，意图创造能够巩固公司崭新形象的设计理念，超越单纯物质形态的品牌重构，着力运作一系列基于计算机技术的项目，并设立新网址。这诸多方面的努力造就了一体化的服务设施，传达独占鳌头的品牌气质，同时渲染了普拉达摄人心魄、深邃致远的韵味。缘此，洛杉矶店的建造与纽约店、东京店相得益彰，力图将公司的主打理念熔融到城市场景和普拉达逐步营造的虚拟世界当中。与经典的"旗舰店"概念——传统上是普通精品店的扩容版——不同，新的普拉达"震点"专卖店试图提供多种多样的购物体验。建筑的商业功能通过一系列重叠的参照空间得以彰显：保健所主营个人护理用品；档案部用于陈列保存先前或未来的经典珍藏品；图书室提

供时尚业演进历程的信息；街道则勾勒出多样化的城市活动愿景。这座面积近2000平方米的建筑位于罗迪欧购物街，所处地区是各知名时尚品牌在洛杉矶的集散中心，建筑从外部观察显得质朴素雅却又难以捉摸。传统的玻璃橱窗被连续的开敞空间替代，店外的城市环境渗透到室内来。

与纽约店相似，这座建筑不仅坐落在城市核心，而且室内空间同样呈现显著的水平性，也十分强调将建筑物不同标高层紧密联系。纽约店拥有引以为傲的连接地下层与街道层的"波面"，而洛杉矶店采用类似的木制材料向上弯折，形成对称的"山体"形态，其内部装设用于展示的铝质围合体。在其他空间中，展示区域则主要环绕商店周边布置。夜晚，面向街道的连续开敞空间使

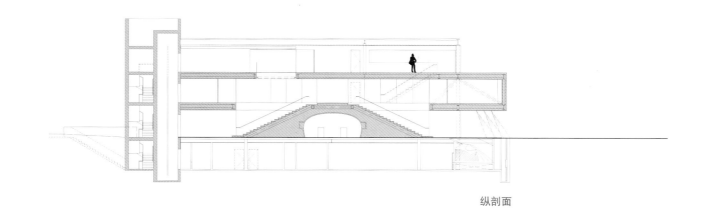

纵剖面

墙面覆盖的绿色泡沫为一种新型聚氨酯材料，是设计师库哈斯专门为洛杉矶店创制的。

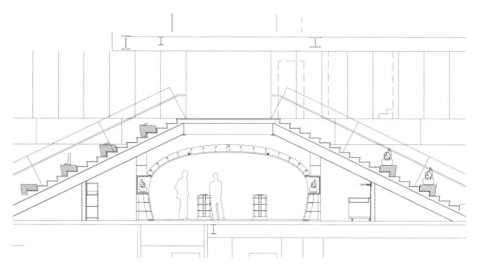

横剖面，配饰展廊

用自地面升起的铝板隔断，将商店完全封闭。建筑的三层计划作为展台区域，空间明快豁亮，承载多种展示功能，仿佛变化多端的巨大橱窗，不使用衣架和展柜，却能完美展现每种新藏品。

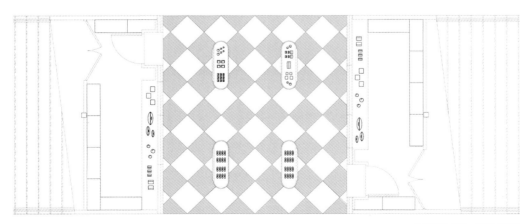

首层平面图，配饰展廊

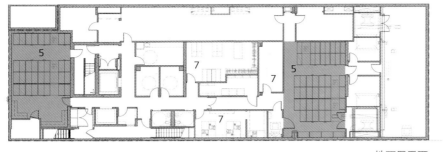

地下层平面

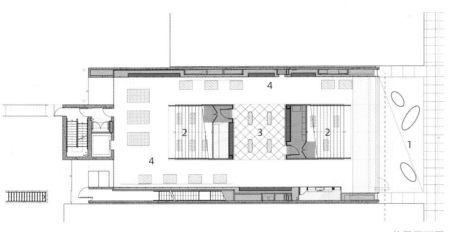

首层平面图

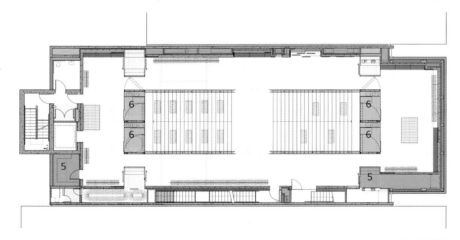

二层平面图

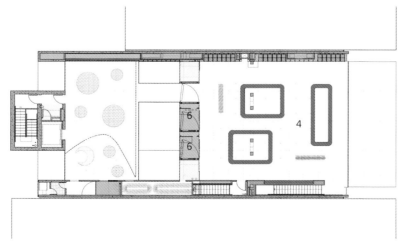

1. 入口广场
2. 景观楼梯
3. 配饰展廊
4. 展览
5. 仓储间
6. 更衣室
7. 办公室

三层平面图

克里斯汀·迪奥 1905 年出生在法国格朗维尔。在学习政治学之后,他靠出售设计作品为生,曾担任多位巴黎女装设计师的助手。1946 年,在一家实力雄厚的纺织企业支持下创建自己的门店。第二年,他推出了第一部系列作品——"新风貌",在战后混沌无常的氛围中展现了端庄文雅的现代女性形象,震惊了整个时装界。它如此美轮美奂,直到 1960 年代中期仍然经久流行(伴随巴黎重获女装之都的美誉)。自此以降,迪奥成为儒雅和独一无二品质的代名词,年复一年,崇尚经典设计永不过时的信条。当首座迪奥专卖店破土动工时,公司委托 SANAA 事务所设计,方案运用简洁的表达形式,室外不对室内空间过度干扰,着意建造一座无与伦比的展窗,充分表达这间巴黎时装店不可匹敌的优雅意趣。

克里斯汀 · 迪奥
(CHRISTIAN DIOR)

表参道，东京 | 2003年 | 妹岛和世+西泽立卫/SANAA（Kazuyo Sejima + Ryue Nishizawa / SANAA）▧

银座，东京 | 2004 | 乾久美子（Kumiko Inui）▧

克里斯汀·迪奥
（CHRISTIAN DIOR）

表参道，东京，日本

建筑 | 妹岛和世 + 西泽立卫 /SANAA
建成时间 | 2003
总建筑面积 | 1500m^2

摄影 | © 克里斯汀·瑞希特

克里斯汀·迪奥／表参道，东京

妹岛和世 + 西泽立卫 /SANAA

为纪念登陆日本 50 周年，迪奥决定在东京的时尚大本营"表参道"开设专卖店。公司诚邀堪称日本新一代建筑师中最独具兴味的设计团队：妹岛和世和西泽立卫主持的 SANAA 事务所。他们负责建造宏观骨架结构，而内装设计则由来自迪奥自己的团队完成，SANAA 事务所并未将室内空间限制在不透明的立面围护结构中，并借此树立构造精良、易于辨识的形象，他们另辟蹊径，通过立面本身将内部空间自然而然、宛若天成地展示出来，同时秉持外观的内聚力量。地块的决定性特征是其规模的狭小与局促，竖向表面积／水平建筑面积比值高达 5：1，建筑师借助 30m 的高度极限值努力增大体量，拓展楼层空间。体量被水平分隔，顶棚的高度变换多样，层间距在地方规范许可的上下阈限之间摇摆不定。这一处理方式导致立面中楼层形态的不均衡；层高与对应的建筑功能相匹配，宽阔开敞的空间布置卖场，低矮促狭的空间则安排辅助服务区域。这种模式不但令人蒙生建筑体量为 8 层的错觉，并且卓有成效地提升了室内空间的开阔感。

专卖店的外立面拥有双层表皮——外侧的透明玻璃和内侧如服装面料般微微卷曲的白色丙烯酸树脂饰板（亚克力板）。这些饰板上涂抹了白色条带，使得建筑外观伴随光线的变化面貌迥异，昼夜交替，形态万千。建筑颇似一座时髦前卫的白色方盒，并不将内部尽皆显露，却引导过客们自己去发掘迪奥的奢华世界。

建筑中的购物空间自地下延伸至四层，而五层设置多功能厅，屋顶建造花园。最异乎寻常的部分是入口，

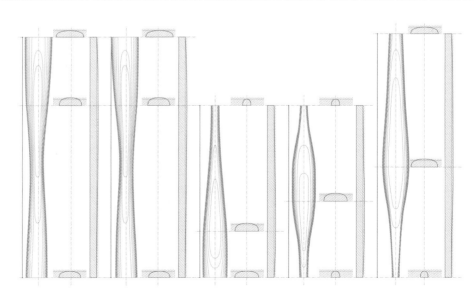

丙烯酸树脂饰板（亚克力板）细部

立面细部

精雕细琢的阶梯创造超绝美妙的到达感受：在这里，顾客与时装同样显得光彩照人。为了与外部的视觉主题一脉相承，专卖店内部空间疏朗而灵活，令大众脑海中幻化出体量感和深度感别具一格的室内印象。空间的诠释与透明度的变化相映成趣，按此逻辑，辅助服务区域相对暗淡晦涩。

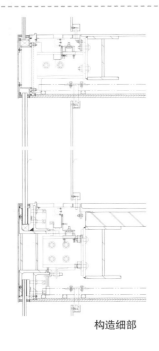

构造细部

克里斯汀·迪奥
（CHRISTIAN DIOR）

银座，东京，日本

建筑｜乾久美子
建成时间｜2004
总建筑面积｜1507m²

摄影｜© 阿野太一

克里斯汀·迪奥／银座
乾久美子

迪奥是极少数在东京拥有两家专卖店的顶级时尚品牌。两座建筑依附周边场所特征，采取截然不同的策略传达品牌价值：如果说表参道精品店是优雅端庄的白色体块，那么银座店则传达了未来主义奢侈品的闪亮形象，十分契合周边区域高端前卫的气韵。项目由乾久美子（Kumiko Inui）操刀，她是一代日本建筑师中的佼佼者。

与大多数入行的新手相仿，乾久美子从细节设计开始职业生涯，她为建筑师青木淳——一位公司建筑设计的行家里手——工作，幸运的是，她不必一直埋头浴室配件或门厅等细部推敲，而能够有机会协助老板设计那些奢侈品商店引人注目的立面方案。乾久美子目前拥有自己的工作室，业务范围涵盖从公寓到私人宅邸等多种项目类型。在成长的年月里，她一丝不苟地专注细部，

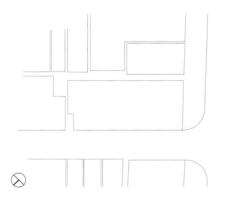

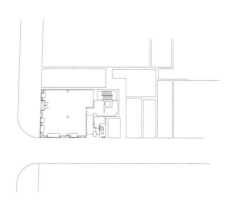

场地平面图

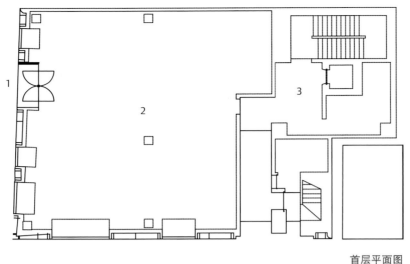

首层平面图

1. 入口
2. 展示
3. 储物

浸淫其中，将精益求精的理念贯穿所有项目始终，同时偏爱动态的创造性构思，规避传统旧制。她的处女作是位于新八代（Shin Yatsushiro）的景观亭，充当火车站前的旅客等候区域。它使用穿孔混凝土板建造，平整的立面相互联结，形成半镂空的形态。

乾久美子在构思银座的迪奥专卖店时，致力于立面的研究，通过外观彰显品牌形象。质朴简洁的线条形成比例均衡匀称的体量，十分接近黄金比例矩形特征。与很多精品店类似，立面包含双层表皮构造——两层相互叠合的铝板。外侧铝板穿孔，孔隙对应内侧铝板的位置区域则漆染成白色，就此，伴随光照的盈亏塑造视觉互动效果。白天内侧铝板暗淡退隐，仅外侧铝板上的孔隙可见；而夜晚照明所显露的图案则令人回味联想索耐特椅（Thonet chair），正是它激发克里斯汀·迪奥设计自己品牌的交织字母图样（monogram）。孔隙与图案为立面赋予了超乎寻常的愉悦与明亮感，而光纤照明的采用则令建筑增添了高技派气质。

建筑酷似完美的礼品盒，内敛节制的气韵将它与银座光亮刺目的霓虹世界分隔开来。外立面效果虽然惊世骇俗，但室内设计却极端地谨小慎微，仅有迪奥产品本身得到突出展示。乾久美子的作品毋庸置疑地成为近年来运用建筑设计体现公司形象的成功案例。

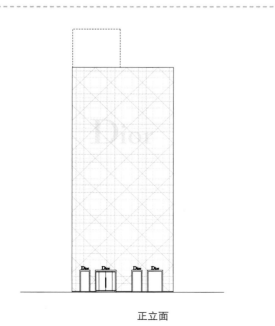

正立面

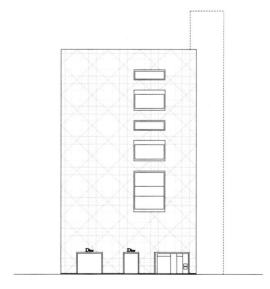

侧立面

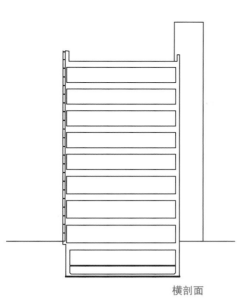

横剖面

　　托德斯诞生于 20 世纪初，最初是一家小型鞋店，由现任总裁的祖父菲利波·德勒·瓦莱 (Fillippo Della Valle) 一手创立。1970 年代迭戈·德勒·瓦莱 (Diego Della Valle) 接管这家小型家族产业，它的发展与扩充令其跻身奢侈时尚领域最声名显赫的品牌之列。托德斯代表了传统、品质和现代性的完美结合。它的皮具享誉世界，尤其以箱包和鞋类驰名；所有产品均在意大利手工制作，运用独一无二的专门技术，寻求每件产品的独特性、快速可辨识性、融入现代潮流却不失实用价值。当托德斯在东京营建分店时，公司充分发挥城市环境提供的优势条件——东京是时尚品的麦加圣地和建筑作品的展窗——试图创造性地表达最具说服力的品牌价值。

托德斯
(TOD'S)

东京 | 2004年 | 伊东丰雄事务所（Toyo Ito & Associates, Architect）

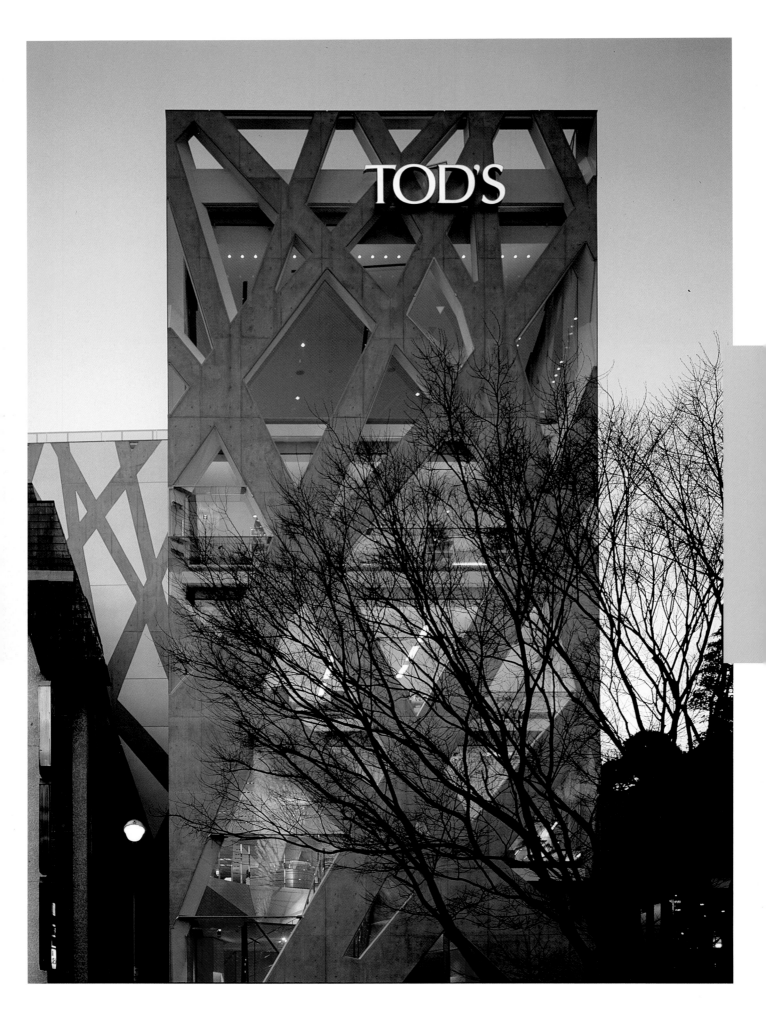

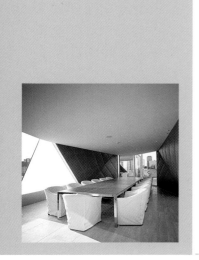

托德斯
（TOD'S）

东京，日本

建筑｜**伊东丰雄事务所**
建成时间｜ **2004**
总建筑面积｜ **2550m²**

摄影｜© 托德斯提供

托德斯／东京
伊东丰雄事务所

公司委托伊东丰雄设计托德斯东京分店的决策源自品牌遵循的理念原则与这位日本知名建筑师独特建筑风格之间的认同与共鸣。新托德斯精品店不仅成为表参道的象征，也成功塑造了品牌自身的代言符号。当伊东丰雄拜访位于意大利安科纳的公司总部时，他亲眼目睹所有产品的手工制作过程，尤其特别注重每类皮革的自然特性。生产过程的所有环节都体现对自然本性的膜拜。表参道的托德斯店雄心勃勃地体现当代建筑中的先锋理念与技术。伊东丰雄努力超越成为 20 世纪名片的现代风格的羁绊，让自己沉浸在象征主义、概念推演和建造技巧的世界中。位于东京时尚中心表参道大街的托德斯店设计中，伊东丰雄在场地和业主提供的多种可能性之间

往来游戏。这座 7 层 L 形建筑拥有 6 个通透的立面，它们被多种横截面的柱子不规则地分割，自然而然地流露出项目的构思起点：自然本性。无论从感知现实的途径还是从建筑语言蕴含的观念来看，这种模式都无可辩驳地反映日本文化。伊东丰雄最初将树枝图案极度地抽象，继而通过窗与支撑柱将这一形态错落有致地运用在建筑结构中。复杂的立面以 9 棵相互重叠的树形剪影为构图基础，由混凝土和玻璃结构体加以表达。与表参道区域的其他建筑——大多使用传统玻璃幕墙——相比，伊东丰雄的作品成为无可比拟的品牌商标。高级结构分析方法和建造技术创造了这座"树阵"，赋予街道独一无二的气韵和冲击性效果。立面上楼梯的设置本身就显得摄人

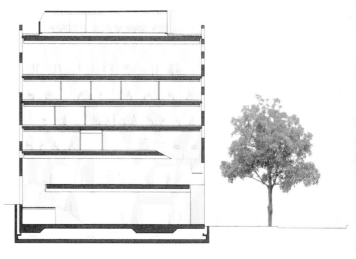

横剖面

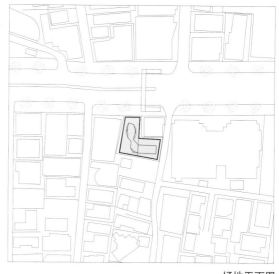

场地平面图

立面错综复杂的几何构图和向公众开放的楼层之间的贯通空间，与仪表堂堂、开放灵动的办公楼层的窗口相映成趣。

心魄：在二层与三层之间，楼梯将店内购物者往复走动的身影掩映到室外，借此形成崭新的外部形象，仿佛与邻近商店的橱窗、装置和标牌融为一体。

建筑近地面的一至三层面积大约 600m²，用作展示和销售区域，而四层、五层则为办公空间，六层预留作专署活动场地。七层被认为是退后主立面的独立体型；设有一间被屋顶花园团团萦绕的私人会议室。

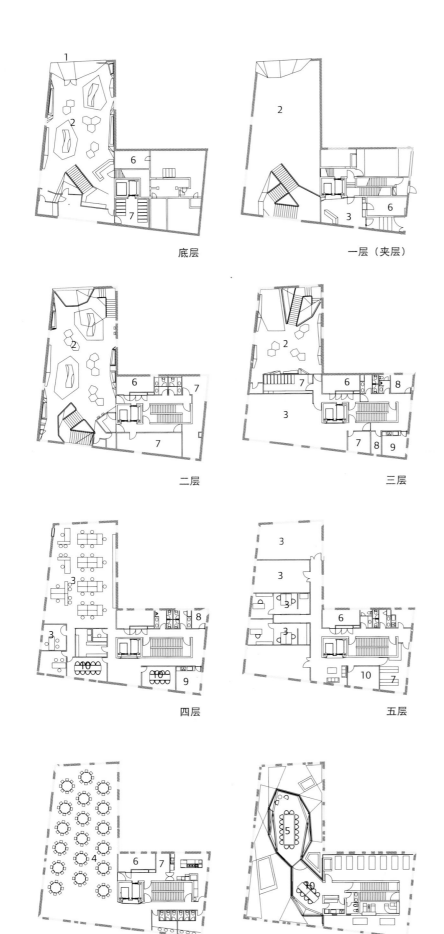

底层

一层（夹层）

二层

三层

四层

五层

六层

七层

1. 主入口
2. 展示
3. 办公
4. 多功能厅
5. 会议室
6. 机房
7. 仓储
8. 衣帽间
9. 简餐
10. 会议室

　　在香奈儿创始人仙逝 40 年之后，她所秉持的大胆与果敢的完美主义精神仍旧被义无反顾地当作品牌座右铭，自 1983 年开始，公司由卡尔·拉格菲尔德（Karl Lagerfeld）负责经营。加布里埃·香奈儿（Gabrielle Chanel）昵名可可（Coco），她努力破除所处时代的偏见与障碍，创造了朴素严谨、舒适宜人、释然开放的作品流派。公司的声誉最初在 1910 年的巴黎得以奠定，继而因香奈儿产品蕴含的奢侈与魅力进一步拓展，就像其经典作品——香奈儿 5 号香水（1921）、黑色迷你裙（1926）、花呢套装（1928）、带内衬的金链手袋（1955）——展示的那样。可可·香奈儿是产品营销的鼻祖，意图令顾客享受完整的"香奈儿体验"，拒斥设计中的卖弄炫耀，追求作品原创风格，并认为这些精神应当同样反映在公司的精品店中。即便在今天，全世界星罗棋布的超过 100 家香奈儿专卖店依然遵循这些原则。

香奈儿
（CHANEL）

东京 ｜ 2004年 ｜ 彼得·马里诺建筑事务所 （Peter Marino Architect）
中环，香港 ｜ 2005年 ｜ 彼得·马里诺建筑事务所 （Peter Marino Architect）
利园，香港 ｜ 2007年 ｜ 彼得·马里诺建筑事务所 （Peter Marino Architect）

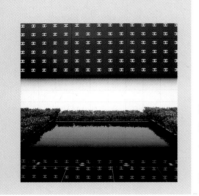

香奈儿 (CHANEL)

东京，日本

建筑｜彼得·马里诺建筑事务所
建成时间｜2004
总建筑面积｜6098m²

摄影｜© 文森特·耐普

香奈儿／东京
彼得·马里诺建筑事务所

自 1978 年开办自己的事务所以来，彼得·马里诺在世界范围内探究现代奢侈品概念的重释，着重材料与质地的对比，努力在室内与室外之间建立对话关系。他的方案出类拔萃，正如为迪奥、芬迪、阿玛尼、华伦天奴等知名品牌所做的设计那样。在与香奈儿的合作中，他不仅整修位于巴黎康朋街的公司历史建筑，令其改头换面，还在纽约、东京和香港的品牌精品店设计中大显身手。

香奈儿 1978 年打入日本，在东京的姿态鲜明而高调，但位于中央区的精品店毫无疑问是众多香奈儿建筑中的明星，也是世界各地专卖店中规模最宏大的一座，它容纳了商店、艺术展廊、音乐厅、办公和餐厅等功能。彼得·马里诺被委任设计这座惊艳壮观，高达 56m 的塔楼，它影影绰绰，杳然耸立在银座周边相对低矮的环境中。这位美国建筑师在香奈儿近期的发展演进中身负重任，他忠实于品牌创立者秉持的卓越与质朴的标准，并为每座专卖店锻造独一无二、别开生面的性格特征。

中央区专卖店仅耗时 1 年多即告完工，注重依托舒适感与私密性等传统价值观念，但同时运用高技术手段，努力成为 21 世纪商店建筑的设计范式。正立面最标新立异地表达技术革新，尽管这种开拓精神在非正统的建造方法中得到同样卓著的体现——与自下而上，自基础到屋盖的施工模式迥异，主体结构被分为 3 个独立建造单元——而地下停车库智能化控制和音乐厅隔声处理也概莫能外地宣扬高科技。

艺术性——香奈儿公司深入骨髓的指导性哲学原则——是这座专卖店的另一根本元素，立面和墙面充当来自世界各地重要当代艺术品的发行展示平台。

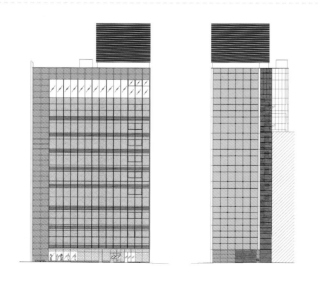
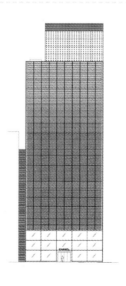

立面

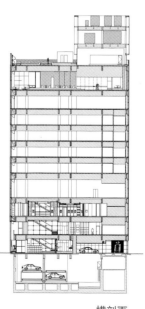

横剖面

车辆接待区域和商店之间的连接走廊铺设了大规格的印有香奈儿花呢纹样的浅色花岗石，与墙面的白色大理石和半透明天花搭配运用。

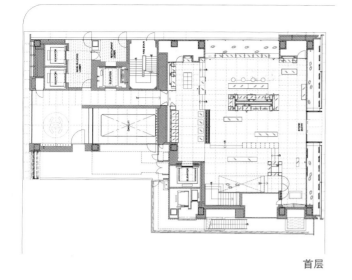

首层

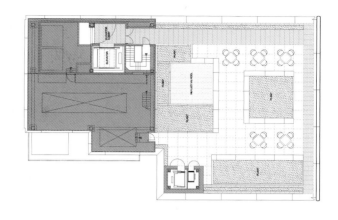

屋顶平面图

与香奈儿经典作品相仿，马里诺勾勒的貌似简单的立面掩盖了长时间的研究与艰辛设计过程。日间，朴实无华的幕墙掩映出城市周遭环境，而在黄昏时分，与中央区商业街平齐的主立面演变成荧幕，放映异彩纷呈的节目，从视频装置作品到香奈儿远近闻名的花呢服装图片，又或秀场的表演剪辑。这无可比拟的视觉盛宴彻底改变了建筑形象，其效果通过一组复杂构件得以实现，镶嵌在立面上的 700000 个 LED 光源照耀在两种不同类型交替设置的玻璃和不锈钢板上。

这座建筑的规模达 6000 余平方米，地上共 10 层，附加两层地下汽车库。一至三层布置购物空间；四层为诺希斯（Nexus）大厅，容纳了一座画廊和一间 160 座音乐厅；五层至九层是香奈儿公司的办公空间；顶层则包括餐厅和特威德（Tweed）屋顶花园。除了极尽奢华的购物空间外，马里诺设计的另一处画龙点睛之笔颇有些出人意料，这就是停车库与车辆进出接待区域。香奈儿中央区精品店提供泊车服务——在奢侈品商店中堪称稀罕。为此，马里诺在建筑首层后部规划了高雅精到的车辆接待区域，黑白两色花岗石和白色大理石搭配考究，配以与公司产品相关的图标和形象，例如 5 号香水包装瓶的平版印刷图样。

香奈儿
（CHANEL）
中环，香港，中国

建筑｜彼得·马里诺建筑事务所
建成时间｜2005
总建筑面积｜680m²

摄影｜© 文森特·耐普

香奈儿 / 中环，香港
彼得·马里诺建筑事务所

位于香港的香奈儿旗舰店开业已近20年，周边商务区林立的酒店和宏大办公街区令它黯然失色。作为全球主要精品店整修计划的一部分，香奈儿委托马里诺对中环专卖店进行改头换面式的修缮。他从名扬四海的香奈儿5号香水包装盒的黑色线条和匀称比例中获得灵感，构思了崭新的5层高立面。原先的围护结构被幕墙体系取代，隐藏在玻璃板背后的视频光影系统由225000个发光二极管（LED）组成。立面中应用的技术——由加州的LED特效企业策划——值得特别关注。二极管成组分布在8500个独立单元中，每个单元都使用微型集成电路对光线强度进行个性化控制。整个系统能够以每秒120帧的速度放映（比电影放映快5倍，比先前任何LED技术高3倍）。立面同样具有播出高分辨率单色图像的能力，它在海湾和金融中心区均可窥见。

在内部，专卖店分为泾渭分明的两类区域：高级女装部和名表珠宝销售部。前者占据3层空间，环绕着一部钢与玻璃建造的、仿佛飘浮在空中的楼梯，而在后者的设计中，马里诺倾向更加私密温馨的气氛，灵感则来源自可可·香奈儿的巴黎康朋街公寓中蕴涵的折中主义情怀。他营造出舒适奢华的空间感，令人们的购物体验独一无二。

除去立面设计，另一为人瞩目的特色是艺术品的植入，它们的构思与品牌本身密切相关，并且为专卖店量身定做。弗朗索瓦·赛维尔·拉兰纳（François Xavier Lalanne）创作的一座青铜鹿雕塑闪耀珠宝区，而主楼梯则被让－米歇尔·欧托尼耶（Jean-Michel Othoniel）操刀设计的穆拉诺（Murano）玻璃珠雕塑占据，这个作品高32m重500kg

正立面

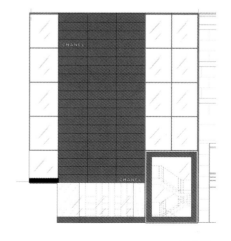

侧立面

（需要强化下侧的结构和楼板）。一幅金刚砂绘制的香奈儿肖像画出自巴西著名艺术家维克·穆尼斯（Vik Muniz）之手，它与约瑟夫·斯塔什克维奇（Joseph Stashkevetch）的山茶花绘画一道，为建筑内的艺术藏品锦上添花。无论如何，最超凡脱俗的艺术作品借助立面 LED 设备实现：这是一部以色列艺术家米夏尔·罗芙娜（Michal Rovner）创作的视频装置作品。受到香奈儿花呢套装的触动，罗芙娜创作了"人体绣帷"，成千上万人走动时的动作与姿态成为作品的基础元素。这件作品——后来在东京、纽约、巴黎等分店中得以展现——令香奈儿成为第一个全面面向城市展示艺术品的品牌。凭借时装珠宝和 LED 技术，以及当代艺术之间的融会贯通，这座建筑重新定义了奢侈品商店的理念，将香奈儿的形象契入未来时代。

立面光线变迁图样

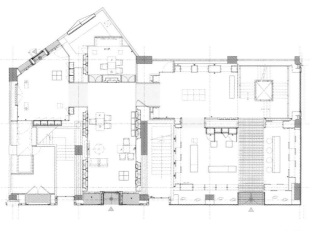

底层

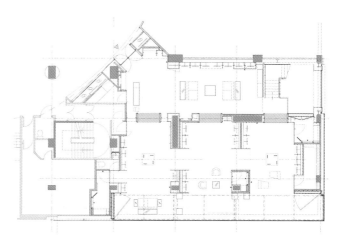

夹层

香奈儿
（CHANEL）

利园，香港，中国

建筑｜彼得·马里诺建筑事务所
建成时间｜2007
总建筑面积｜470m²

摄影｜© 史德华·伍德

香奈儿 / 利园，香港
彼得·马里诺建筑事务所

在纽约建筑师彼得·马里诺的脑海中，奢侈品店应当提供无与伦比、令人难忘的购物体验。在顾客们开销不菲，购买高档商品的同时，他们身处的购物环境理应符合同样的高标准。为此，马里诺不仅创造高品质的建筑，而且定期与艺术家合作，专门为精品店创作艺术品。这种策略拓展了商店的涉猎范畴，同时吸引收藏家眼球，并提升艺术家作品知名度。

香港的第二座香奈儿专卖店坐落在铜锣湾一带，亦即港岛所谓的"第五大道"之上。公司获取了利园购物中心大厦一隅的底层建筑部分，位置得天独厚，邀请彼得·马里诺监督室内设计与家具陈设布置。街角原有一个小型八边形橱窗，但马里诺希望其尺度更加高大，创造明晰有佳的公司形象。开业 6 个月之后，香奈儿获得

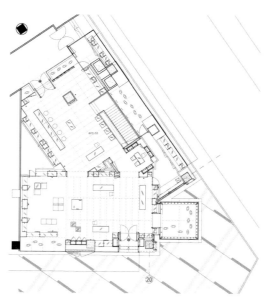

地下层平面图

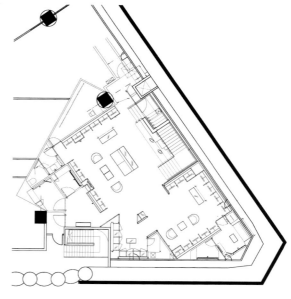

底层平面图

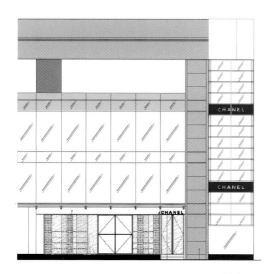

侧立面

了相关许可——包括购物中心管理部门和市政当局——
建造一座 17m 的高塔。高塔是街角体量的延伸，成为世
界上最高的商店橱窗。塔身的金属玻璃结构安装 16 组发
光二极管（LED）条带，呈现特定几何图案。商店本身设
在底层，并不十分醒目，但这座高塔却令视觉效果空前
加强，令这个街角成为整个街区的地标。

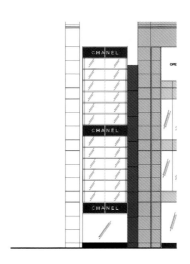

正立面

路易·威登目前归属专营奢侈品的路威酩轩集团旗下，品牌发迹于1854年，其时正值旅行行业起步时期。公司的手提箱，手袋与饰品已被公认为经典设计，以其卓尔不群的交织字母图样闻名于世。自诞生初期以降，路易·威登一贯注重创新和拓展产品领域，着眼扩大国际影响力。在保持对完美品质和一丝不苟技艺的不辍追求的同时，路易·威登如今跻身奢侈品领域顶尖品牌，热衷于运作新店，雇佣当代建筑业界精英，展现卓越的企业形象，以及尤为可贵的对创新的渴望。这种策略被证明一本万利：日本建筑师青木淳设计的新店开业，公司销售额随之增长超10%。

路易·威登
(LOUIS VUITTON)

六本木山，东京｜2003年｜青木淳建筑事务所（Jun Aoki & Associates）■

银座，东京｜2004年｜青木淳建筑事务所（Jun Aoki & Associates）■

大阪｜2004年｜隈研吾建筑事务所（Kengo Kuma & Associates）■

香港｜2005年｜青木淳建筑事务所（Jun Aoki & Associates）■

台北｜2006年｜乾久美子（Kumiko Inui）■

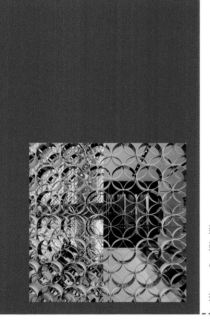

路易·威登
（LOUIS VUITTON）

六本木山，东京，日本

建筑｜**青木淳建筑事务所**
建成时间｜ **2003**
总建筑面积｜ **1147m²**

摄影｜© 路易·威登／吉米·科尔森，仲佐武摄影工作室

路易·威登 / 六本木山，东京

青木淳建筑事务所

六本木山 2003 年开业，是占地 15 英亩的多功能建筑综合体，路易·威登选择这里营建东京的新店。建筑综合体环绕 54 层的"森之塔"，形成店铺林立的商业大街——榉树坂区，青木淳设计的非同凡响的立面便坐落于此。这位建筑师长期与路易·威登合作，在室内设计师奥雷略·克莱门蒂和埃里克·卡尔森（路易·威登马利蒂团队的首脑）的协助下工作。三人组从思考周边邻里特质——以活力四射的夜生活著称——着手，同时通盘考虑公司的普适性标准，即每座新店都要在革新性、独特性和优雅气质之间取得微妙精当的平衡。顶级奢侈品牌一贯寻求自身价值的再发现，同时不忽视令其建立起品牌认同的传统。

项目基于旧有的建筑体量，青木淳为它设计了一个立面，闪烁其间的折射光交相辉映，散发模棱两可与含混的气氛韵味。目的是在激发偶尔路过者的好奇心同时，增加资深老主顾们的信任，他们无不希望路易·威登在企业建筑设计的竞争中独霸一方。36m 宽 12.5m 高的立面分为两个纵向部分：底层部分伴随街道的坡度变化逐渐增加高度，设置入口和展示橱窗，上层部分运用双层表皮，孕育着立面的原创魅力。外层由玻璃制成，而内层呈现像素化的马赛克图案，由 30000 个直径 10cm 的玻璃圆柱体组成，它们平行排列，固定在两块穿孔不锈钢板上，可以同时反射周边与建筑内部的光线，造就引人注目的动态扭曲效果。购物空间面积约 1000m²，分两层布置，均朝向毗邻建筑入口的两层高的交通区域，形态各异的人体模型在这里星罗棋布，呼应外部街道的喧嚣，但是除了地面上游走的动态花饰图案和淡彩纹样，空间

路易·威登（LOUIS VUITTON） | 88

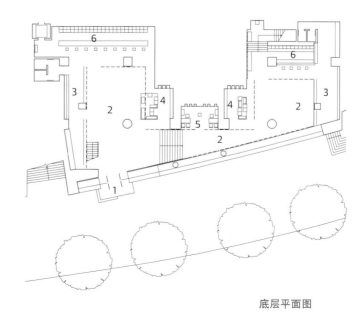

1. 入口
2. 展示
3. 试衣间
4. 收银
5. 办公间
6. 产品吧台

底层平面图

立面中品牌商标的能见度在不同光线条件下变化多端；它是由于玻璃圆柱体排列方式的变化而形成的，而这也造就了主立面独特的马赛克效果。

中拒绝一切装饰。安装在微孔地面下方的光纤电路发光形成象征图案，与门厅中凌厉坚挺的线条和略显冰冷的材料形成鲜明对比。

交通区域的墙面内衬金属帷幕——在其他位置用做分隔屏风——是整体设计中最精到出众的元素之一，其灵动活泼但符合标准模数的形式完美地满足专卖店每年10次的商品更新需求。

路易·威登的传奇品牌标识在整个室内空间得到再现和重释，这首先表现在组成金属帷幕的相互交织的钢环上。尽管材料的选择——玻璃，青铜，石料和木材等——无出公司常规做法之右，但室内设计师在六本木山店中显得颇为坚毅果敢，创造出比平时更加抽象的室内场所，与外部立面效果宛若一体。为了与周边邻里生机勃勃的休闲氛围相呼应，店内很多场所都意图唤起人们对夜总会的种种记忆；"手袋吧"邀请顾客在贯穿整个空间的高脚凳上栖足，"皮箱厅"布置舒适的沙发，而其他区域——例如珠宝部——利用灵活多样的金属帷幕建造惬意的私密空间。

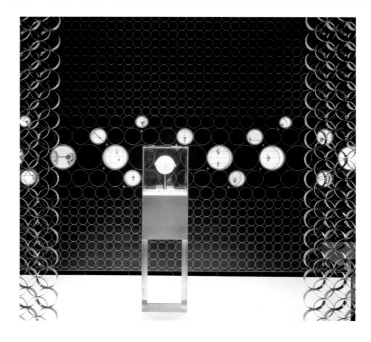

路易·威登
（LOUIS VUITTON）
银座，东京，日本

建筑｜**青木淳建筑事务所**
建成时间｜**2004**
总建筑面积｜**2133m²**

摄影｜© 阿野太一

路易·威登 / 银座，东京

青木淳建筑事务所

银座历来是商贾辐辏的闹市，自20世纪初这里就云集大量奢侈品牌，一直吸引西方购物者光顾。最近几十年间，这里成为令世界顶级跨国公司垂涎的立足之地。并木大街（Namikidori）是银座历史最为悠久的街道，已经是远近闻名的奢侈品集散中心，路易·威登在此拥有一座青木淳主笔设计，由老旧建筑改造而成的专卖店。青木淳自1999年起便经常与这家企业合作，那时他刚在名古屋设计了第一座精品店，如今，他负责4座路易·威登东京店的建造，它们被公认为新式公司建筑的偶像，有能力在竞争激烈的行业中提升企业形象。建筑师考量附近并木大街促狭的街巷和步行道，并据此勾勒出朴实无华的体量——20m长，16m宽，21m高——两个主立面中相互交织的光线和若隐若现的透明效果令建筑气宇

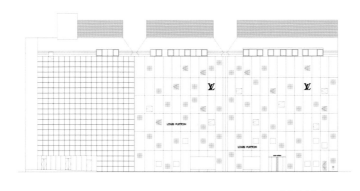

立面（白昼）

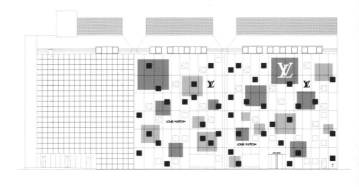

立面（夜晚）

青木淳审视这座形态酷似顽石的建筑，在改造中探索不透明性与透明性、严肃气质与轻佻风韵的对峙，这种二元性令他成功地将建筑塑造成新的品牌象征，同时也对周边环境保有足够的尊重。

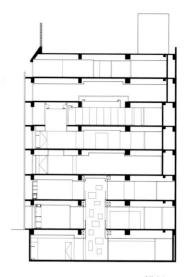

横剖面

非凡。

　　如同东京变幻莫测的异彩华灯一般，路易·威登银座并木街店在不同时刻的面貌迥异。日间，它率直的不透明形象令人印象深刻，仅有镶嵌在建筑底部的展示橱窗、建筑入口、零星的窗牖，以及嵌入式阁楼点缀其间；夜晚，建筑立面维护结构自然而然地流露出惊世骇俗的前卫气质，外墙由多种材料和面层精心组织结合而成，与建筑物其他部分相对分离，建造水平赶超手工技艺标准。

　　在东京，建筑创新被当作日新月异、胜者为王的游戏，因此青木淳在这个项目中将所有注意力集中在立面设计。他在混凝土结构外部包裹一层钢构架固定的 GRC 板材（玻璃纤维增强混凝土），仿效石灰石质地。板材的厚度从20 至 35mm 不等，塑造并强化了硬质表面变化多端的透明效果：一系列多种规格的半透明正方形（2，6，15 或 100cm）乍看起来散乱无序，实则与未来的室内布置休戚相关，以保证家具与分隔墙不会弱化立面光效。日间的建筑外观同样经过审慎斟酌，设计师在面层内侧安装玻璃纤维板，并对其他 GRC 板材精细打磨，试图赋予外立面自然纹理效果。

　　路易·威登在东京坐拥 11 家分店，公司把并木街店的室内设计委托给自己的建筑师团队，并与"翰格设计"协同工作。尽管这样的分工不时令立面和结构方案与室内方案之间产生严重分歧，但内装修中大量使用的玻璃板和照明卓有成效地呼应了外立面的几何分格。

1. 主入口
2. 辅助入口
3. 展示
4. 客户服务
5. 起居区域

地下室　　　　　　　　底层　　　　　　　　二层

路易·威登
(LOUIS VUITTON)

大阪，日本

建筑丨隈研吾建筑事务所
建成时间丨2004
总建筑面积丨8297m²

摄影丨© 阿野太一

近年来，大阪开始弱化自身的工业城市特征，转而与东京角力国际商贸领域，力拼城市多样性。与日本首都类似，大阪受到许多奢侈品公司的青睐，它们在御堂筋大街（Midosuji）济济一堂，店面设计各显神通，见证了运用建筑吸引潜在客源的残酷竞争。街道的一角耸立着一座平行六面体建筑，是隈研吾团队的作品，地上9层，地下室的办公空间同样归属路易·威登。隈研吾是当代日本建筑界的领军人物之一，旗帜鲜明地反对全球化倾向，赞同回归本土文化。如同在ONE表参道项目中木材的使用，他在御堂筋大街的路易·威登分店设计中玩味根植于东方的透明性概念和源自日本传统的将建筑视为联系室内外空间之分界面的观点。

隈研吾遵循这些信条，选择缟玛瑙石为主的围护材料，这种材料杰出的导光性能令建筑拥有敏锐的光效，设计师钟情于此：建筑伴随光照条件和观看者位置的差异变化万千。不同面层与材料厚度的综合运用造就不同的透明度，模糊了墙体与开启之间的差别，缟玛瑙石与其他类似材料被刻意交替布置，令真实石材效果与仿石效果真假莫辨。建筑的外观显得坚固而晦暗，顾客们的（购物）体验别有意趣。

为了通过材料肌理的变化得到精微至深的光效，隈研吾运用三种模式处理主要建材——产自巴基斯坦的缟玛瑙石：第一，在4mm厚石板的两侧附着玻璃；第二，在30mm厚玻璃上贴印带裂缝或瑕疵的缟玛瑙石；第三，在75mm厚PET板上规则贴印缟玛瑙石条带。三种面层的结合产生了光线与透明度的曼妙蜕变，昼间的阳光可

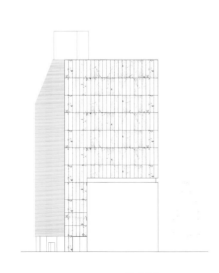

北立面

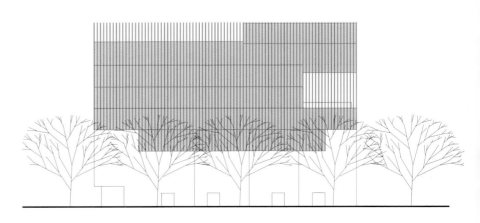

南立面

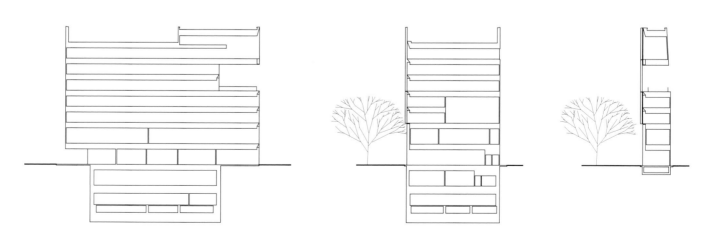

纵向剖面　　　　　　　　　　　　　　　　横向剖面

以穿过立面直达办公空间，而夜晚的立面则化身成银幕，内部人工照明凸显石材的自然美感。

在外立面中，石材与金属材料的交替使用彰显建筑的功能排布：底层部分容载购物空间，使用金属面层维护，主立面基部有一处宽大的开口；而上层部分则归属办公空间，使用缟玛瑙石敷面。

在建筑短向立面中，金属基座的一部分被竖直石材条带所取代，强化出办公空间的入口。缟玛瑙石（在外部）的统摄力量——它甚至应用在主入口的挑檐中——预示它将在室内随处可见，尤其是底层的电梯厅，只有建筑上部楼层才另谋其他材料。从办公层敞亮的室内空间观察，竖向直棂强化了围护墙体中多种材料厚度与面层的交替布置，使得墙面兼备现代幕墙与传统开设窗口的不

透明立面两种视觉效果，借此成功地将墙体塑造为室内外空间的连接介质。

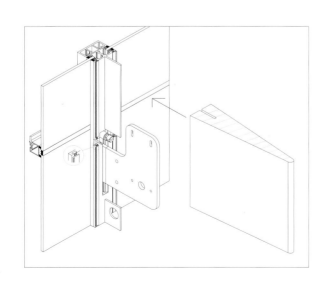
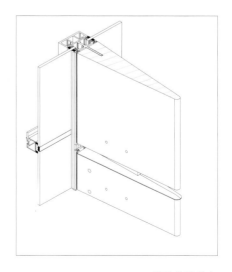

幕墙构造节点

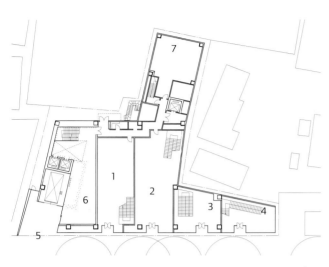

底层

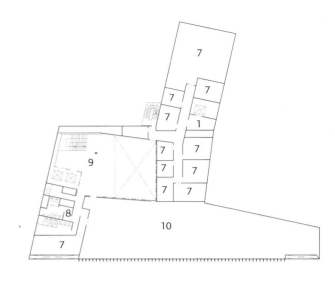

二层

1. 展示室 a
2. 展示室 b
3. 展示室 c
4. 展示室 d
5. 入口
6. 接待
7. 办公
8. 服务用房
9. 电梯厅
10. 专用活动大厅

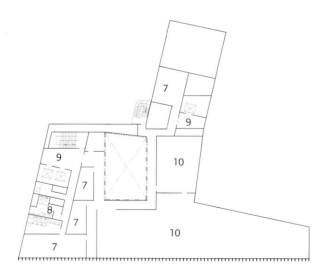

三层

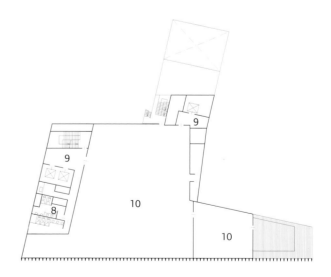

四层

室外视觉效果因 PET 板的半透明特征而显得模糊暧昧，它带有石材裂缝纹理，并在建筑上部周边的整个区域中与缟玛瑙石板交替布置。

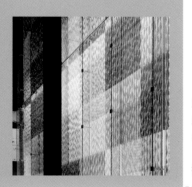

路易·威登
（LOUIS VUITTON）

香港，中国

建筑｜青木淳建筑事务所
建成时间｜2005
总建筑面积｜1643m²

摄影｜© 阿野太一

1999 年，43 岁的日本建筑师青木淳自立门户尚不足 10 年光景，他便赢得了路易·威登组织的名古屋分店设计竞赛。新任务随之接踵而至，包括东京，纽约，和香港的分店。香港已经拥有公司的 6 家分店，而青木淳在 2005 年完成了另一家新分店的建造，项目坐落在世界上最魅力四射的街区十字路口一隅，附近云集其他顶级品牌，安普里奥·阿玛尼，古驰，伊夫—圣—罗兰，以及蒂芙尼。香港因英属时期而与国际社会紧密接轨，强大的购买力在数十年之间令各大奢侈品商家趋之若鹜，它们无不奋力搏击，努力把精品公司建筑打造为城市名片。路易·威登的这家分店规模在亚洲位居次席，紧邻名声显赫的中环置地广场，建筑为 3 层的半透明体量，室内装修由公司另一位资深设计师彼得·马里诺完成，他在

2004 年的纽约分店项目中就曾与青木淳共事。他们英雄所见略同，都注重创造能够深化品牌发展机遇的新颖空间，掷地有声地呼应公司不断重塑自身形象，在顶级品牌中独领风骚的愿望。

香港震撼人心、流光溢彩的街道带给青木淳设计的灵感，他通过复杂的 LED 照明方案幻化出一座光影瀑布，建筑白天能够映现周边景色，而夜晚则变身为光芒四射的耀眼明珠。

尽管青木淳的作品在耸入云霄的办公街区中略显身形低矮，但它如万花筒一样色彩斑斓，无愧城市地标的美誉。这座建筑的稀有之处在于装有 7000 个钢制条板的幕墙，这些条板依偎在两个主立面的玻璃维护后面，依稀可辨。它们纤细锐利，每块都包含一个反射镜面，因

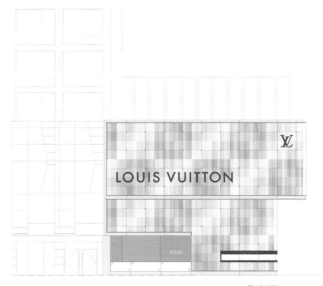

北立面

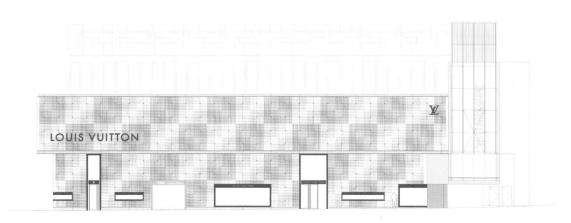

西立面

此造就令人叹为观止的视觉冲击，整个立面微光闪烁，映现出破碎化的周边建筑场景。这座建筑可被看做由两个相互叠落，但不完全严丝合缝的平行六面体组合而成：上部的体块向外突出遮蔽底层部分，而底层部分则以金属幕帘（钢制条板组合而成：译者注）为特征，并插入了几个非对称布置且尺度不一的开口，它们强化了商店的展示橱窗与建筑入口。近期以来，奢侈品行业趋向反对将商店立面处理成封闭，秘而不宣的形态，这座建筑的处理方式因势利导，半透明幕墙后面的许多室内活动在外部便可窥见一斑，既满足招揽公众的愿求，同时对（内部）自成一体的奢华氛围毫发无伤。

建筑上层迥然不同的造型方式令主入口区域能够显现两层购物空间的布局关系，围绕整个建筑周边的两层通高空间则在上下两类场所之间搭建起联系。购物空间依照售卖产品的不同进行划分，正如铺装材料的变换所展示的那样。外部的几何形态在室内地面和墙壁中有所呼应，但真正吸引眼球之处毫无疑问是两部室内楼梯。其中之一为三跑结构，仿佛脱胎自一块巨石，精妙绝伦的 LED 照明装置将交替转换的图案掩映在踏步之上，看起来永远处于变异之中，视觉效果大放异彩。另一部则是轻盈的螺旋形悬挂楼梯，导向专为女性顾客服务的上层空间，而如果人们拾阶而下，又会步入下层的男性顾客专属空间。

钢条板组合而成的帘幕形成几何化的图案，与周边塔楼建立起对话关系，其中包括置地广场，它与路易·威登的分店融为一体。

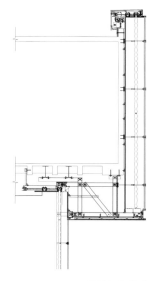

幕墙细部构造

路易·威登
（LOUIS VUITTON）

台北，台湾

建筑｜乾久美子（立面设计）
建成时间｜ 2006
总建筑面积｜ 1220m²

摄影｜© 阿野太一，路易·威登／吉米·科尔森

路易·威登／台北
乾久美子

路易·威登在 1983 年登陆台湾，为了在宝岛首府台北市开辟最新的分店，公司寻觅到了一处充满活力与建筑创新精神的城市基地。场地位于面积超过 412500m² 的台北 101 购物中心，这座联合体建筑环绕世界最高的摩天楼之一，高达 101 层宝塔形的台北 101 大厦。这里紧邻中山北路，坐拥海量的奢侈品商铺，它们济济一堂，立面争奇斗妍，室内精雕细琢，在维护老客户的同时吸引新一代购物族的光顾。

很多公司钟情聘请企业建筑设计领域的领军人物为自己服务，包括年轻的乾久美子，她曾是青木淳的入室弟子，为迪奥，路易·威登等顶级品牌设计项目，未到不惑之年便已名声在外。

乾久美子对视觉游戏和光效错觉的偏爱显而易见，

她将这座 4 层的梯形建筑打造为公司的展示窗口，尽情炫耀品牌特有的象征性几何标识。石灰岩立面穿凿了一系列孔洞，它们尺度不一，被透明合成树脂材料填充，排列成多组方形，其形态与路易·威登的产品密切相关。白天，人们大致可以瞥见乾久美子塑造的精美立面视觉游戏，但只有夜晚才真正为建筑注入灵魂，石灰岩面层后侧隐藏的 LED 照明系统发出的光线经由微孔墙面宣泄而出，散发柔美的橘色光辉，优雅别致地融入周围城市景观之中。

除了建筑在晚间的熠熠光芒所造成的视觉效果外，这家台北 101 中心的路易·威登分店之所以能够与城市环境协调融洽，很大程度还得意于另一奇思妙想：围绕室外底层周边设置的展廊。这个空间担任街道与商店室

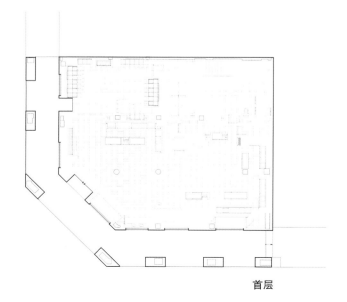

首层

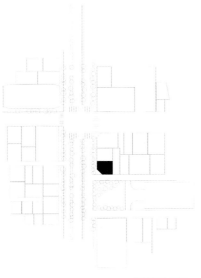

场地平面图

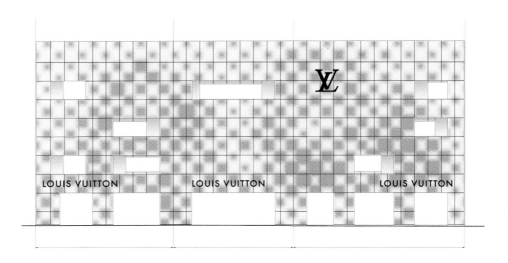

主立面

内之间的过渡角色，模糊二者的边界，为路人躲避街道的车水马龙提供了庇护所——并吸引人们步入商店。

室内空间分4层，而外部三个立面中不规则地分布着一些硕大的矩形开启，强化建筑体量的水平性，同时呼应下层展廊。立面上的棋盘形图案在室内被巧妙地引用，在楼面上，在围护墙面中，甚至专门为展品设计的壁龛也运用类似的几何构图。

在LV台北101分店的室内设计中，乾久美子冲破公司惯有的形式特征与婉约氛围，深受老牌奢侈品牌青睐的端庄文雅场所与多彩炫目的门厅与走道形成鲜明对照，后者的墙壁、地面和顶棚中的植物主题图案创造了温暖可人的气氛。

LV决意带给这家分店显著的文化输入感，在底层与顶层开设了书店，并雇佣艺术家迈克尔·林承接室内设计，他拥有遍布世界的丰富从业经历，与LV的品牌哲学一拍即合。林的工作包括电梯的设计——装饰粉红色绣花皮革面层，门厅与走道中的植物图案，以及顶层的VIP区域。

　　1941 年，6 名工匠聚集在曼哈顿一家袖珍作坊里缝制皮具，令他们无法想象的是，50 年之后，这家曾经名不见经传的小公司已在全世界近 20 个国家建立了 300 余座销售点。几名工匠最初自一副棒球手套获得灵感，迷恋于长久岁月带给它的古色古香与适应性，试图在皮具箱包市场中开创类似风格。蔻驰因高质量的产品风靡全美，凭借功能舒适性与视觉吸引力的绝佳搭配，成为美国古典设计的象征。1980 年代末，价格合理的蔻驰奢侈品跻身英国市场，并且扬名立万，10 年之后，又横扫日本市场。然而，东南亚金融危机和顾客品味的变迁指引公司升级产品目录，意在吸引更加年轻的受众群，蔻驰在世界范围内改良旧分店，开设新分店，日本成为其主要的海外市场。

蔻驰
（COACH）

名古屋 | 2005年 | 埃特公司，蔻驰建筑设计团队（Eight Inc., Coach Architecture Group） ■

蔻驰
（COACH）
名古屋，日本

建筑｜埃特公司，蔻驰建筑设计团队
建成时间｜2005
总建筑面积｜670m^2

摄影｜© 埃特公司

蔻驰／名古屋

埃特公司，蔻驰建筑设计团队

蔻驰的第一座海外分店是公司5座分店开发计划的一部分，拓展了品牌在亚洲市场的影响。埃特公司与蔻驰特别开设的建筑工作室紧密合作，希望作品能够成为未来分店建设的样本。埃特公司是一家跨领域的企业，主营建筑，室内，和产品设计。它为苹果和诺基亚操作的项目引起了广泛关注，被认为有能力针对不同客户的需求提供新颖而功能绝佳的解决方案。蔻驰分店的建筑因其精美儒雅的线条，开阔的空间，和对自然光线的华丽运用而显得出类拔萃。

方案遭遇到两个基本挑战：第一，在现存颇为狭窄的地块中创立品牌形象，第二，在周边更加高大的建筑背景中树立视觉优势。为了达到总体目标，建筑团队特别关注光照质量和材料选择。主体建筑的每个

建造细节无不投射出公司的一大杰出理念：现代性与古典美的平衡。

方案最具趣味性的特征是对自然光的充分利用，这在同类建筑中颇为罕见。这一理念深刻影响着立面设计与空间布置。建筑包含两个狭长的体量，它们被一个竖向玻璃条带连接。主要体量容纳销售区域，硕大的玻璃窗面朝街道，13m高的顶棚强化空间的开阔宽敞感受，并提升室内光效。一组金属结构体沿立面悬挂而下，支撑夹层空间，作为销售区域的拓展。建筑的次要体量——更加高大但比主体更为纤细——容纳服务区域，仓储和办公室。石灰岩、胡桃木饰板等一类自然材料与玻璃、抛光钢板对比使用，带来了既温文尔雅，又不失现代感的效果。空间欢快明亮，室内因无与伦比的简约风

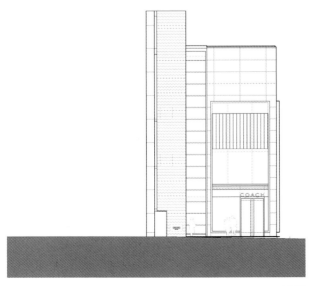

正立面

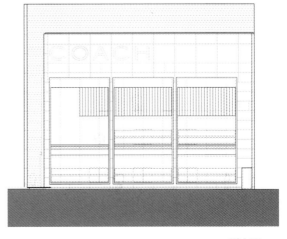

侧立面

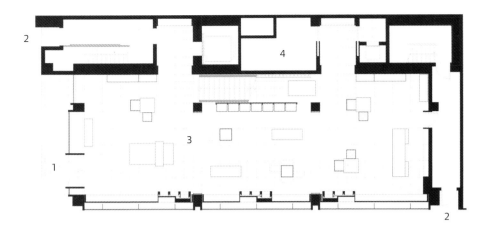

首层平面图

格而感人至深：一切恰到好处，不愠不火，各类卖品位置显赫。

建筑立面成功为场地的局促条件提供了解决之道。这座 670m² 的建筑在视觉上支配着街角空间，显得比实际规模大许多。蔻驰秉持合理价格的观念，以可接受的价格提供时尚、高品质的产品。名古屋分店卓越地体现了公司的哲学，同时并未喧宾夺主，服饰，提包，鞋类，饰品等主营产品在这里拥有足够的出镜机会。

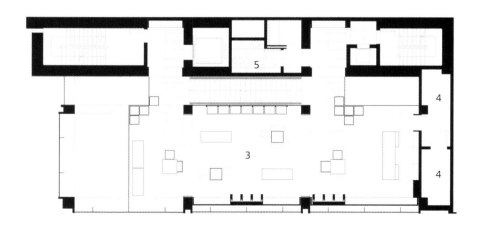

1. 商场出入口
2. 建筑出入口
3. 展示
4. 储藏
5. 辅助空间

二层平面图

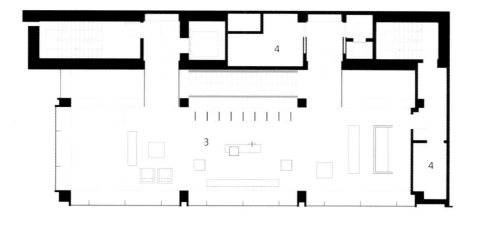

三层平面图

　　自 1984 年在广岛开设第一家分店以来，优衣库从未裹足不前，如今，它的 760 家分店遍布世界各地，令其成为日本最炙手可热的服饰发行商，并在国际时尚领域跻身十强之列。优衣库设计，生产，并销售质朴、轻便休闲的服装，无论何时何地，适于所有人群穿着。它的 T 恤衫，运动衫，牛仔裤和饰品依照日本严格的质量标准生产。公司对原材料精挑细选，在所有环节一丝不苟，从布料的制作，样式剪裁，印染工艺，到专卖店的展示布置无不如是。这家企业并不寻求创立某种风格，却引导消费者发掘他们自己的风格。这一技术路线被发挥得淋漓尽致：品牌商标从未出现在产品的外表面，而只会隐藏在内侧的标签中。2001 年，优衣库在伦敦开设了第一家海外专卖店。为了建设东京的分店，企业聘请克莱因·戴萨姆建筑事务所，这是一家资历尚浅但却前途无量的国际化设计公司。

优衣库
（UNIQLO）

东京 | 2005年 | 克莱因·戴萨姆建筑事务所（Klein Dytham Architecture）

优衣库
（UNIQLO）
东京，日本

建筑｜克莱因·戴萨姆建筑事务所
建成时间｜ 2005
总建筑面积｜ 360m²

摄影｜© 克莱因·戴萨姆建筑事务所

优衣库／东京

克莱因·戴萨姆建筑事务所

　　银座是东京的购物中枢，也是世界上最生机勃勃的时尚街区，几乎成为雍容华贵的代名词。近年来，诸如路易·威登，普拉达，香奈儿，苹果这样的领军企业都在此设点经营。优衣库作为日本休闲服饰的龙头供应商自然不甘落后，在2005年底开设了一家全新的分店，几乎囊括并展现了公司的所有原则和理念，同时令企业在商业经营方面更上层楼。

　　银座的建筑吸引并刺激路人的神经，仿佛活生生的三维广告。在附近的街区漫步，人们犹如翻动一本时尚杂志：种种风情跃然纸面之上，林立的商铺犹如广告一般。各种品牌凭借建筑，尤其是立面，卓有成效地展示公司形象，它们绞尽脑汁，希望能从左邻右舍之中脱颖而出。例如香奈儿的建筑立面就被成百上千的LED灯具覆盖，形成巨大的高清屏幕。

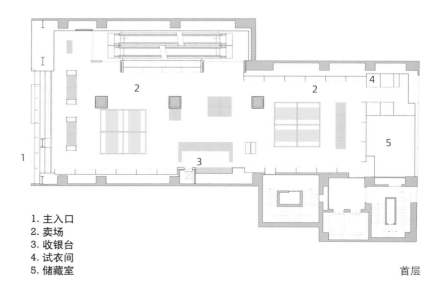

1. 主入口
2. 卖场
3. 收银台
4. 试衣间
5. 储藏室

首层

正立面

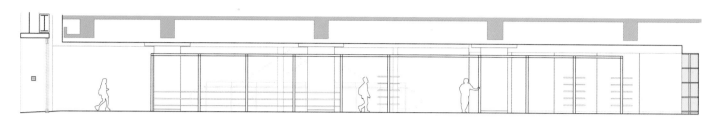

优衣库在银座显得颇为特立独行，因为它售卖价格适中风格简约的服装。建筑师选择朴实无华的立面，与周边亮丽富庶的场景相互对照。不无戏剧性的反讽效果，设计师自香奈儿的荧光屏幕获取灵感，创造了更加怀旧的版本，令人联想起俄罗斯方块游戏。在玻璃立面背后，1000个照明单元组成的矩阵——每个单元均可独立控制，创造特有的视觉效果——形成了精品店的外观形象。它们的均质性被一组不锈钢框架打破，使得立面看起来由像素点组成——形态奢华，但（比起香奈儿）分辨率较低。立面被LED照明形成的优衣库商标所统辖。建筑采用传统的混凝土板柱结构体系建造。在内部，每层空间展示特定系列的商品，使用不同色彩条码，可识别性绝佳。例如，首层售卖特别推荐，打折和新上市产品，空间色调完全以白色为主，借此加强与外立面和橱窗视觉效果的统一性。建筑师还设计了模数化的售卖展示系统，令空间布置的调节变得简单易行。通过色彩与其他设计元素的运用，空间给人温暖如春之感，令顾客身心放松。最终的建筑效果卓越非凡，它结合品牌信守的朴实风格和迷人的技术流形象，在竞争激烈的购物街区中占有一席之地。

珠宝商御木本幸吉（Kokichi Mikimoto）培育了第一颗人工养殖的珍珠，支撑他事业成功的进取精神在这家日本企业的发展历史中从未被遗忘，1899年，御木本在银座建立起第一家分店。以1913年伦敦分店的营业为开端，贯穿整个20世纪，公司经历了世界性的拓展阶段。自诞生以来，御木本的经营哲学一贯注重革新和对品质的追求，正如公司开创者所做的那样，1932年，御木本在海外新闻记者面前销毁了一批未能符合公司苛刻生产标准的珍珠。在距离第二座位于银座的分店开业——因其与众不同的西方情调，在当时的东京名噪一时——100年之后，御木本再次依托建筑手段来表达公司的创新精神。面对新店的设计任务，伊东丰雄别出心裁，创造出具有象征意义的建筑，拓展了御木本产品的潜在购物群体，同时成为城市新兴商业建筑的大乘之作。

御木本
（MIKIMOTO）

东京｜2005年｜伊东丰雄建筑事务所+大生设计（Taisei Design）PAE
（Toyo Ito & Associates, Architect + Taisei Design PAE）

御木本 (MIKIMOTO)

东京，日本

建筑 | 伊东丰雄建筑事务所 + 大生设计 (Taisei Design) PAE
建成时间 | 2005
总建筑面积 | 2205m²

摄影 | © 彼得·霍拉克，伊东丰雄建筑事务所

御木本 / 东京
伊东丰雄建筑事务所 + 大生设计（Taisei Design）PAE

在渡过 60 岁生日之后，伊东丰雄在最新力作中表达了回归本源的气质，这是人们伴随年龄增长而采取的共同态度。与他之前设计的那些冷冰冰的技术流建筑大相径庭，伊东丰雄为这家跨国人造珍珠企业营造出循规蹈矩的建筑体量，外围护结构点缀着星罗棋布的不规则开口，流露出他对曲线的偏爱，传达其作品中充满人性化的尺度特征。

银座因聚集一堂的顶级企业办公建筑和光彩耀眼的奢侈品商店闻名于世，它胸怀宽广，紧跟国际潮流，雇佣有声望的建筑师为那些独树一帜的知名品牌规划旗舰店。御木本在人造珍珠领域声名显赫，在此拥有一处占地面积小于 $300m^2$ 的地块，计划营造新店，与在银座的另一家形象更为传统的专卖店相比，希望能够吸引更加

基地位置图

年轻的客户群。建筑的立面微光闪烁，附带地下室的 9 层体量坐落在坡地之上，清晰表达了业主希望在这座商业区打造精品标志建筑的诉求。"技术"在伊东丰雄的作品中一如既往地扮演决定性角色，这次也概莫能外。尽管"技术"仿佛在银座 2 号中隐而不宣，但实际上它却探索通过间接方式服务于伊东丰雄新建筑的主要理念：令作品与使用者和参观者之间建立起对话关系。这座基底尺寸 17m×14m，高 56m 的建筑拥有无与伦比的技术成就，那便是独一无二的同时兼做外围护墙的管状钢结构体系。

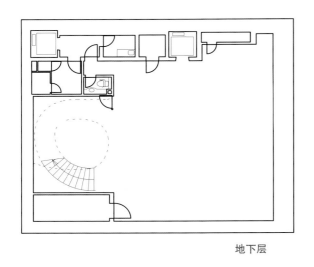

地下层

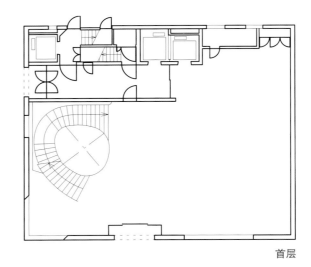

首层

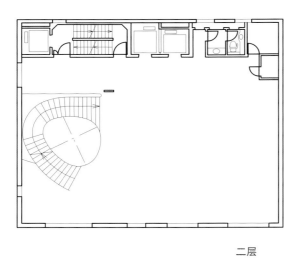

二层

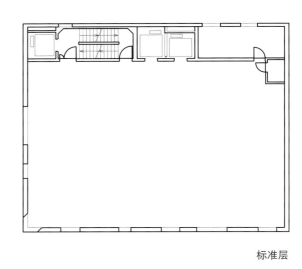

标准层

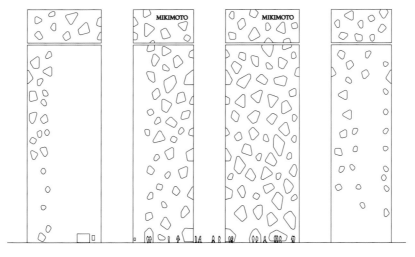

立面

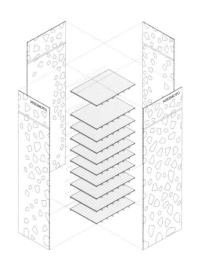

这座矩形建筑的承重结构是由成对焊接在地面的双层钢板，并内浇筑混凝土铸成，在轻盈与封闭的视觉效果之间获取平衡。外围护墙鲜明体现了伊东丰雄对作品一丝不苟的工作态度：焊缝被锉平，并覆以多层涂料，令表皮光洁连续。立面呈现华美的略带粉红的白色调，并在晚间投以多种色光照明。貌似随机布置的163处不规则窗洞，实则按照将每个立面分隔为7个三角形单元（涉及力学有限单元分析法：译者注）的规律。窗洞在西侧与南侧分布较广，不规则的窗洞布局与内部9个楼层的标准化排列布置并不吻合，显现扭曲效果，令建筑与使用者之间得以建立（设计师）垂涎已久的对话关系。

总共2205m²的建筑面积被分为三部分，下部的4层空间归属御木本，布置购物展示空间，餐厅和管理房间，向上4层办公空间出租给其他企业，而阁楼从外部看自成一体，容纳服务设备空间。御木本占据的几层空间被一部雕塑般的楼梯相互连接，它盘旋上升，直至四层，回应了窗洞的几何形态。室内设计师新田一郎（Ichiro Nishiwaki）在梯井中悬挂一幅高达18m的玻璃珠链组成的帷幕，金光闪闪——他已在御木本其他分店中大展身手。3盏从四层悬挂而下的球状灯具，掩映着玻璃珠排列而成的圆柱形帷幕，景象迷人。

经过漫长的研究过程，包括一系列模型制作与试验，最终的结构体系显得新颖轻盈，钢板结构维护并支撑9个开放式楼层。

　　亚历山大·向曹域兹是巴西最炙手可热的新一代设计师,自21世纪初以来,他成功将巴西带回国际时装领域最前沿。1971年,向曹域兹出生在圣保罗犹太东正教社区,由于偏爱使用异类的、野性十足的地方性视觉元素,其作品成为巴西新一代精英们的代言符号,比如名扬四海的印有骷髅的T恤衫——1990年代圣保罗地下文化的标志,再比如将胶乳作为服装主要原材料的尝试。1998年,他开始在国际舞台上崭露头角,先后造访纽约、伦敦和巴黎,但直到2007年才在巴西之外开设精品店,而作为世界时装之窗的东京成为不二选择。如今,向曹域兹为不少公司承担设计任务,并每年发布自己的7个作品系列,因其丰富多样性和融合不同趋势与风格语言的特征而受到广泛褒奖,其中当然包括不可或缺的巴西传统元素。

向曹域兹
（HERCHCOVITCH）

东京 | 2007年 | 亚瑟·卡萨斯（Arthur Casas）

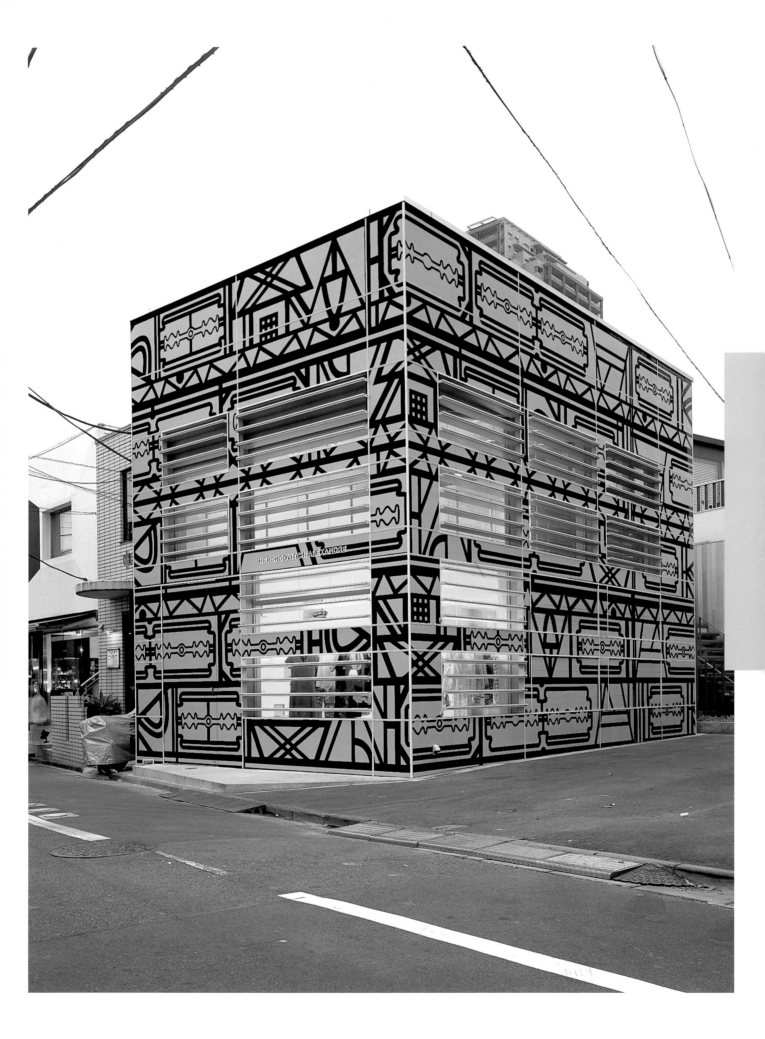

向曹域兹
(HERCHCOVITCH)

东京，日本

建筑 | 亚瑟·卡萨斯
建成时间 | 2007
总建筑面积 | 72m²

摄影 | © Eusike Fukumochi

向曹域兹 / 东京
亚瑟·卡萨斯

当亚历山大·向曹域兹——或许是巴西最具世界影响力的设计师——决定在日本开设第一家精品店的时候，他委托自己的同胞亚瑟·卡萨斯操刀建筑设计，后者拥有坚实连贯的职业生涯，眼光敏锐，能够将空间组织得雅致而有条不紊。自2000年在纽约建立事务所以来，卡萨斯的作品一直寻求在圣保罗城市文化与现代主义建筑原则之间取得平衡，在保持巴西本土身份特征的同时，分享向曹域兹趋之若鹜的全球性倾向。

项目位于代官山 (Daikanyama) 地区，是东京最与众不同的社区之一。代官山紧邻涉谷 (Shibuya)，完全在1924年地震遗留的断壁颓垣之上新建而成，为东京最早的现代化社区。如今，这里云集公共住宅和小型先锋派建筑，大使馆，温馨恬淡的咖啡馆，时装店，怀旧创意店。

狭窄街道编织出尺度宜人的城市肌理，与东京其他地方大相径庭。正如日本城市中经常遇到的情况一样，场地的局促是设计决定性因素之一，基地仅仅 30m² 而已。然而乐观来看，场地占据街角，因而建筑能够拥有两个立面，可以满铺场地，并且需要建造的界墙较少。据此，亚瑟·卡萨斯设计的体量充分利用了 6.5m 的最大高度限值，包含两层店铺和一个用来储藏的阁楼。由于建筑结构搭配使用金属和预制混凝土材料，因此建造过程持续仅仅两个月便告完成。

在最初的方案研究中，卡萨斯发觉日本商业建筑有很强的排他气质，特色分外鲜明：大型玻璃橱窗的使用并不像世界上其他地方那样重要。卡萨斯将这一结论发挥得淋漓尽致，建造了一个外部无窗的封闭盒子。向曹

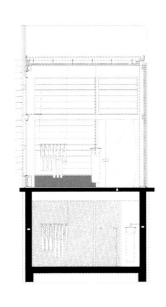
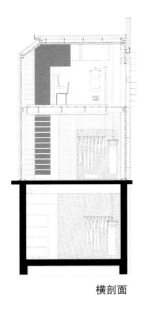

横剖面

正立面

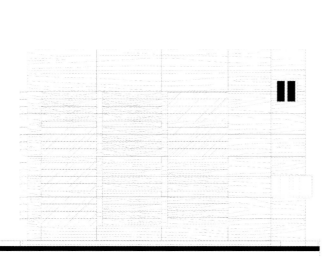

侧立面（非营业时间）

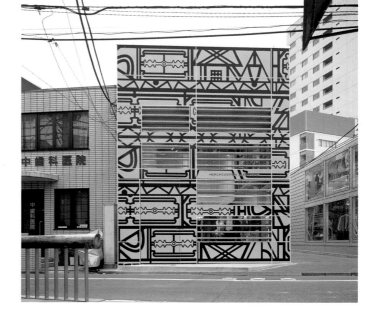

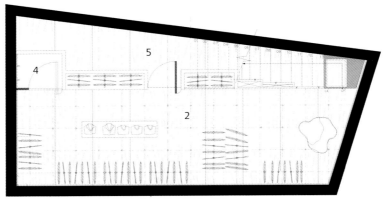

地下室

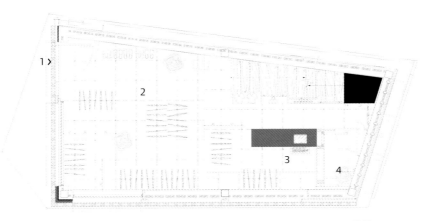

首层

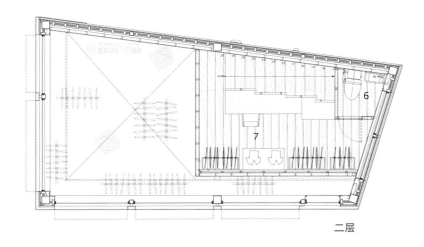

1. 入口
2. 展示
3. 收银台
4. 试衣间
5. 贮藏
6. 卫生间
7. 办公

二层

域兹接受了这个构思，他唯一的关注点便是展示空间的布置。建筑呈现完美的平行六面体形状，覆盖福米加®(Formica) 板材。这种板材可以根据季节变化或特殊需求印制多种图案。精品店是没有橱窗的密封体量，仅仅间隔设置一系列百叶，在营业时能够让人们瞥见室内。进入建筑，一层空间显得尤为精彩夺目；它虽不是双层通高的空间，但却布置了迷人的展示系统。一方面，涂有丙烯酸树脂的荧光灯管兼做衣架使用，另一方面，商品货架看起来与陶瓷墙面融为一体，仿佛被人"打开"，承载展品。

　　建筑魅力四射，特色非凡——图案化的立面和密封的体量——它脱颖而出并成为社区的视觉象征。

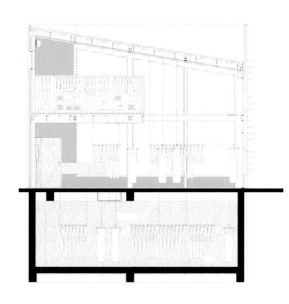
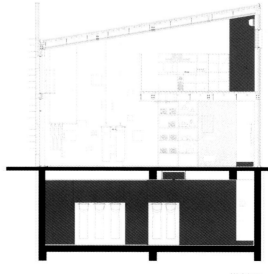

纵剖面

　　尽管有一种趋势认为但凡历史悠久的公司都趋于谨慎保守，但对知名珠宝企业卡地亚而言，这几乎是无稽之谈。公司投身古典珠宝与饰件行当，出品了连环三色黄金戒指，桑托斯系列腕表，路易斯·卡地亚圆珠笔等商品，自建立之初就跻身奢侈品领域顶尖行列，十分关注艺术与建筑界动态，并借此探索流行趋势，引领新潮流。路易斯－弗朗索瓦·卡地亚（Louis-François Cartier）1847 年在一家小型珠宝作坊开始职业生涯，几年后，他在巴黎市中心开始经营一家店铺。他的后裔们，包括充满进取心、创造力极佳的孙子路易斯（Louis），开始着手在世界重要的首府城市建立业务，在伦敦——卡地亚于 1904 年成为英国王室的指定供货商——而在纽约——专卖店位于第五大道和 52 街交汇处的卡地亚广场——这些精品店成为卡氏帝国的大本营。近年来，卡地亚开始与建筑师布鲁诺·默因纳德合作，对旗下的 200 座分店进行重新整修。

卡地亚
（CARTIER）

东京 | 2005年 | 布鲁诺·默因纳德（Bruno Moinard）

卡地亚
（CARTIER）
东京，日本

建筑 | 布鲁诺·默因纳德
建成时间 | 2005
总建筑面积 | 548m^2

摄影 | © 仲佐武摄影工作室

卡地亚 / 东京

布鲁诺·默因纳德

当卡地亚决定在东京开设新店之时——银座已有一家店铺——公司选址在青山区，在这里，住宅与大型商店，购物中心混杂共存。社区中已经形成了对时尚品位分外挑剔的消费人群，同时附近也是西方旅游者最乐意涉足之地，因此，卡地亚倾向建造一座规模较小，却更加深思熟虑，极端关注个体化需求的分店。

项目总监是布鲁诺·默因纳德，他是一位室内建筑师，布景设计师和画家，在若干年之前被委托重新装修卡地亚旗下的，遍布世界各地的 220 家分店。在 1995 年创立 4BI 事务所之前，默因纳德曾为知名设计机构 Ecart 工作，参与包括伊夫圣罗兰和卡尔拉格斐的品牌专卖店，法兰西航空公司办公总部，以及纽约现代艺术博物馆中的法兰西咖啡厅项目。默因纳德在所有作品中都试图营造和

善友好的空间，温暖的色调，和交织的光影，建筑尽情地展示商品的魅力，将雍容华贵带给贵宾们。

建筑仅有两层，精巧别致，主体结构由金属和玻璃组成，跻身在周围高大的楼群之中。卡地亚希望精品店不设展示橱窗，但同时又不完全与外界隔绝，以此唤起路人的好奇心。为了实现既定目标，默因纳德设计了鬼魅迷人的双层立面，在视觉上把立方体量转化成多面体形态。建筑的核心由传统墙体构成，封闭坚固，用来布置展品，而外围护则仿佛"玻璃三明治"，内侧的白色三角形聚碳酸酯阳光板固定在钢骨架上。这些棱角分明的三角形对项目的定位至关重要，它们好像小型船帆或剪纸一般。从视觉效果看，除了滤光作用以外，每块阳光板都在立面上产生断裂感，令建筑呈现多面体形象，好

像切割雕琢而成的玉石。在内部，商品在嵌入墙面的抛光青铜盒子中展出，突出产品的独一无二，并引导顾客在其中穿梭往来，仿佛置身博物馆中。建筑的首层通过楼梯与地下主要销售区域连接，那里光色柔和，比建筑的其他空间显示出更多的古典韵味。一座小型书店坐落在此，主营卡地亚基金会出版的当代艺术类书目，艺术家专辑，和公司的艺术杂志。为了更好地方便读者鉴赏，书籍按主题分类，并分置在相互独立的空间中。设计师还为顾客布置了一处气氛活跃的交流区域，卡地亚试图借此突破同类建筑的陈规旧俗。

建筑二层被打造为豪华休闲区域，布置了舒适宜人的沙发和一座吧台，日光穿过三角形聚碳酸酯板倾斜而入，沐浴着一切。

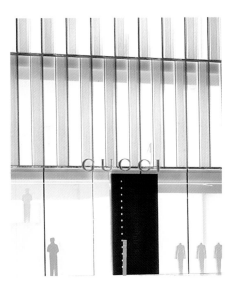

　　古驰自 1950 年代起便凭借永恒的古典主义风范闻名于世，这很大程度上归功于格蕾丝·凯莉（Grace Kelly），杰奎琳·肯尼迪（Jackie Kennedy），奥黛丽·赫本（Audrey Hepburn）等一批忠实拥趸的青睐，正是她们带着古驰的手袋和饰品巡游全世界。1921 年，一位名叫古驰奥·古驰（Guccio Gucci）的马术皮具制造经营商在佛罗伦萨创立了这家公司，近一个世纪之后，古驰已经在奢侈品领域中大展宏图。古驰的手袋和箱包很快风靡一时，激励公司向意大利境外扩张，1953 年纽约分店开始营业，1970 年代继续进军亚洲。一贯崇尚古典主义的古驰只是在近十年才新增了饰件系列产品。但是，公司被内部权力斗争所困扰，并在 1980 年代导致销售额锐减——这种局势在 1994 年饱受争议的汤姆·福特（Tom Ford）被任命为创作总监之后才得以扭转。这位美国执行官通过侵略性的市场营销运动和建筑创新策略成功带领古驰重归奢侈品前沿阵营。

古驰
（GUCCI）

东京 | 2006年 | 詹姆士・卡朋特设计事务所 （James Carpenter Design Associates）

东京，日本

建筑｜詹姆士·卡朋特设计事务所
建成时间｜2006
总建筑面积｜1718m^2

摄影｜© 安德里亚·凯勒，乔克·波特（渲染）

古驰／东京

詹姆士·卡朋特设计事务所

古驰希望它在日本的开山之作简洁而现代，同时提供奢侈品精品店设计的新范式。詹姆士·卡朋特的团队带来了一座 7 层的建筑体量，双层玻璃立面由玻璃幕墙和一系列雕刻竖向线条的抛光玻璃板构成。幕墙使用低含铁量玻璃制作，透明性更佳，而金属龙骨体系设置开启窗，可以提供自然通风。特殊工艺制造的抛光玻璃板支配着建筑外观，同时回应了所处的城市肌理。在晴海（Harumi）大街方向的车水马龙中，玻璃板被安装在幕墙外侧，按照特定图案布局，变化多端，光芒四射。而在朝向北侧的立面中，抛光玻璃板则安装在幕墙内侧，能够根据需要调节射入光。建筑功能齐备，风格典雅，变化多样，但只有夜晚时分，艺术家丰久将三（Shozo Toyohisa）设计的照明装置点亮之时，它才会真正百态尽

银座的项目是古驰第一座专属建筑，为公司迄今为止规模最大的分店。8 层塔楼的立面光色迷离，引人瞩目，金银两色光影交织，凸显古驰品牌风范。

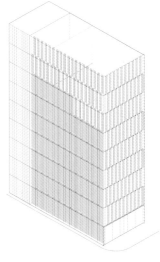

轴测图

显，身形婀娜。

专卖店的内部，到处都显得光彩照人：一座大型楼梯和一部电梯均由玻璃材料制成，将所有楼层连接起来。古驰睿智的创作团队和设计师威廉·索菲尔德（William Sofield）配合，缔造出暖意洋洋的气氛，令品牌的古典元素与自然光，以及墙上若明若暗的玻璃板交相辉映。技术元素——互动式游戏和视频商品目录——为建筑构造细节锦上添花，不禁令人回味起公司的历史，尤其是佛罗伦萨的首家店铺。建筑首层展示饰品和成衣，散发男性阳刚之气，二层布置古驰最昂贵的产品，尤其是定制皮包（目前仅在日本有售）。三层和四层则完全归属女性用品。专卖店最与众不同之处是坐落在五层的古驰咖啡厅，顾客们观看壮观的城市风景，获得购物经历中不可多得的完美体验。七层为展廊，收藏公司的历史产品，专为纪念古驰诞生 85 周年而开辟。顶部楼层和露台专供特别活动使用。一言以蔽之，古驰新店全方位提供东京根深蒂固的购物文化体验，同时表达这家意大利豪华奢侈品公司对革新的信仰。

建筑师名录（DIRECTORIO）

Arthur Casas

Rua Capivari 160, Pacaembu, São Paulo, Brasil

T: +55 11 3664 7700

F: +55 11 3663 6540

casas@arthurcasas.com.br

www.arthurcasas.com.br

Bruno Moinard

41, Avenue Montaigne, París 75008, Francia

T: +33 01 56 88 2100

F: +33 01 56 88 2101

Eight Inc.

675 California Street, San Francisco, CA 94108, Estados Unidos

T: +1 415 434 8462

F: +1 415 434 8464

info@eightinc.com

www.eightinc.com

Herzog & de Meuron

Rheinschanze 6, Basel 4056, Suiza

T: +41 061 385 5758

F: +41 061 385 5757

James Carpenter Design Associates

145 Hudson Street, 4th Floor, Nueva York, NY 10013, Estados Unidos

T: +1 212 431 4318

F: +1 212 431 4425

info@jcdainc.com

www.jcdainc.com

Jun Aoki & Associates

701, 3-38-11 Jingumae, Shibuya-ku, Tokio 150-0001, Japón

T: +81 03 5414 3471

F: +81 03 3478 0508

www.aokijun.com

Kazuyo Sejima + Ryue Nishizawa/SANAA

7A, 2-2-35, Higashi-Shinagawa, Shinagawa-ku, Tokio 140-0002, Japón

T: +81 03 3450 1780

F: +81 03 3450 1757

sanaa@sanaa.co.jp

www.sanaa.co.jp

Kengo Kuma & Associates
2-24-8 Minami Aoyama. Minato-ku, Tokio 107-0062, Japón
T: +81 03 3401 7721
F: +81 03 3401 7778
kinjo@kkaa.co.jp
www.kkaa.co.jp

Klein Dytham Architecture
Deluxe, 1-3-3 Azabu Juban, Minato-ku, Tokio 106-0045, Japón
T: +81 03 3505 5347
kda@klein-dytham.com
www.klein-dytham.com

Kumiko Inui
#303, 3-57-6 Yoyogi, Shibuya, Tokio 151-0053, Japón
T: +81 03 3373 2971
F: +81 03 3373 2972
adminui@inuiuni.com
www.inuiuni.com

OMA – Office for Metropolitan Architecture
180 Varick Street, 13th Floor, Nueva York, NY 10014, Estados Unidos
T: +1 646 230 6557
F: +1 646 230 6558
office@oma.nl
www.oma.nl

Peter Marino Architect
150 East 58 Street, Nueva York, NY 10022, Estados Unidos
T: +1 212 752 5444
F: +1 212 759 3727
www.petermarinoarchitect.com

Renzo Piano Building Workshop
Via Rubens 29, Génova 16158, Italia
T: +39 010 61 711
F: +39 010 61 71 350
italy@rpbw.com
www.rpbw.com

Toyo Ito & Associates, Architect
Edificio Fujiya 1-19-4, Shibuya Shibuya-ku, Tokio 150-0002, Japón
T: +81 03 3409 5822
F: +81 03 3409 5969
kinoshita@toyo-ito.co.jp
www.toyo-ito.co.jp

著作权合同登记图字：01-2009-5242号

图书在版编目（CIP）数据

全球顶级时尚名店设计／（西）巴阿蒙，卡尼萨雷斯著；王建武译.
北京：中国建筑工业出版社，2013.1
（国际知名企业标志性建筑设计译丛）
ISBN 978-7-112-15111-0

Ⅰ.①全… Ⅱ.①巴…②卡…③王… Ⅲ.①消费品-品牌-商店-
建筑设计-设计方案-世界 Ⅳ.①TU247.2

中国版本图书馆CIP数据核字（2013）第052325号

Original Spanish title: MODA

Editor Coordinator: Alejandro Bahamón & Ana Cañizares

Text Authors: Agata Losantos & Antonio Corcuera

Research: Alexandre Campello

Art Direction & Design: Midori

Original Edition © PARRAMON EDICIONES, S.A.Barcelona, España

World rights reserved

Translation Copyright © 2014 China Architecture & Building Press

本书由西班牙 Parramón 出版社授权翻译出版

责任编辑：姚丹宁
责任设计：赵明霞
责任校对：陈晶晶　刘　钰

国际知名企业标志性建筑设计译丛
全球顶级时尚名店设计
[西]　亚历杭德罗·巴阿蒙
　　　安娜·卡尼萨雷斯　著
　　　　　王建武　译
*
中国建筑工业出版社出版、发行(北京西郊百万庄)
各地新华书店、建筑书店经销
北京嘉泰利德公司制版
北京顺诚彩色印刷有限公司印刷
*
开本：880×1230毫米　1/16　印张：10½　字数：320千字
2014年1月第一版　2014年1月第一次印刷
定价：198.00元
ISBN 978-7-112-15111-0
　　　　　（23054）
版权所有　翻印必究
如有印装质量问题，可寄本社退换
（邮政编码 100037）